信息安全工程师真题及模考卷精析
（适用机考）

主编　朱小平　施游

中国水利水电出版社
www.waterpub.com.cn
·北京·

内 容 提 要

自信息安全工程师2020版考试大纲发行及2023年11月考试改为机考以来，考试内容变化较大，考试的重点内容主要集中在网络安全法律与标准、密码学基础、安全体系结构、认证、物理和环境安全、网络攻击原理、访问控制、常见网络安全设备、网络安全审计等方面。这就导致部分历年考试试题和练习题等，不再适合当前备考。

本书各试卷中的题目，基于机考真题，并由作者通过分析考试数据、新版大纲新增或改变的内容及作者自身丰富的授课经验编制而成。因此，本书全部题目适用于考生当前备考使用，考生不必担心机考形式所带来的变化。本书所有的题目均配有深入的解析及答案。本书解析部分力图通过分析考点把复习内容延伸到所涉及的知识面，同时力图以严谨而清晰的讲解让考生们真正理解知识点。希望本书能够极大地提高考生的备考效率。

本书可作为考生备考“信息安全工程师”考试的学习资料，也可供相关培训班使用。

图书在版编目（CIP）数据

信息安全工程师真题及模考卷精析 : 适用机考 / 朱小平, 施游主编. -- 北京 : 中国水利水电出版社, 2024. 10. -- ISBN 978-7-5226-2837-0

Ⅰ. TP309-44

中国国家版本馆CIP数据核字第2024BB7053号

责任编辑：周春元　　**加工编辑：**韩莹琳　　**封面设计：**李　佳

书　　名	信息安全工程师真题及模考卷精析（适用机考） XINXI ANQUAN GONGCHENGSHI ZHENTI JI MOKAOJUAN JINGXI (SHIYONG JIKAO)
作　　者	主编　朱小平　施游
出版发行	中国水利水电出版社 （北京市海淀区玉渊潭南路1号D座　100038） 网址：www.waterpub.com.cn E-mail：mchannel@263.net（答疑） sales@mwr.gov.cn 电话：（010）68545888（营销中心）、82562819（组稿）
经　　售	北京科水图书销售有限公司 电话：（010）68545874、63202643 全国各地新华书店和相关出版物销售网点
排　　版	北京万水电子信息有限公司
印　　刷	三河市鑫金马印装有限公司
规　　格	184mm×240mm　16开本　12印张　302千字
版　　次	2024年10月第1版　2024年10月第1次印刷
印　　数	0001—3000册
定　　价	48.00元

编委会成员

机考说明及模拟考试平台

一、机考说明

按照《2023 年下半年计算机技术与软件专业技术资格（水平）考试有关工作调整的通告》，自 2023 年下半年起，计算机软件资格考试方式均由纸笔考试改革为计算机化考试。

考试采取科目连考、分批次考试的方式，连考的第一个科目作答结束交卷完成后自动进入第二个科目，第一个科目节余的时长可为第二个科目使用。

高级资格：综合知识和案例分析 2 个科目连考，作答总时长 240 分钟，综合知识科目最长作答时间 150 分钟，最短作答时间 120 分钟，综合知识交卷成功后不参加案例分析科目考试的可以离场，参加案例分析科目考试的，考试结束前 60 分钟可交卷离场。论文科目时长 120 分钟，不得提前交卷离场。

初、中级资格：基础知识和应用技术 2 个科目连考，作答总时长 240 分钟，基础知识科目最短作答时长 90 分钟，最长作答时长 120 分钟，选择不参加应用技术科目考试的，在基础知识交卷成功后可以离场，选择继续作答应用技术科目的，考试结束前 60 分钟可交卷离场。

二、官方模拟考试平台入口及登录方法

模拟考试平台开放时间通常是考前 20 天左右，且只针对报考成功的考生开放所报考的科目的界面，具体以官方通知为准。

1. 官方模拟考试平台入口

考生报名成功后，在平台开放期间，在电脑端可通过 https://bm.ruankao.org.cn/sign/welcome 登录模拟考试系统。打开链接后，会出现如下图所示的界面。

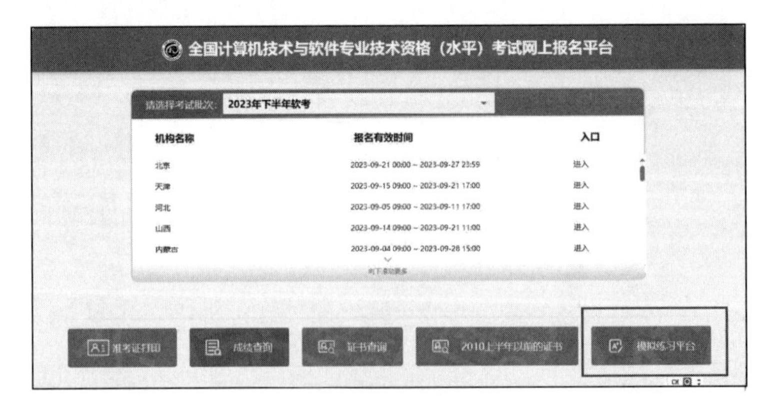

2. 登录方法

（1）单击上图中的“模拟练习平台”，首先需要下载模考系统并进行安装。

安装完毕后，需要输入考生报名时获得的账号和密码进行登录。系统会自动匹配所报名的专业，接着选择需要练习的试卷，如下图所示。然后单击“确定”按钮。

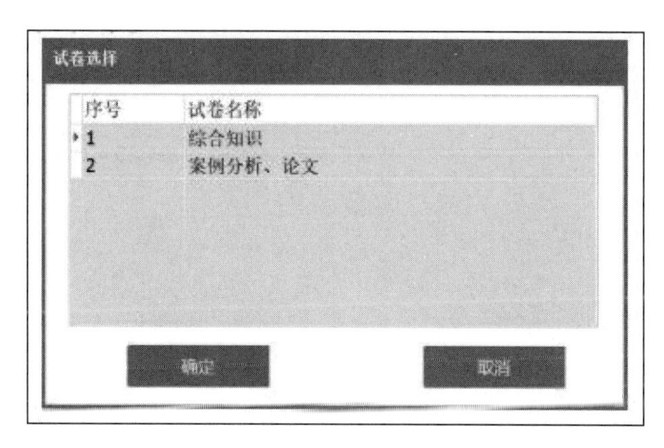

（2）此时系统进入该考试的登录界面，如下图所示。输入模拟准考证号和模拟证件号码，模拟准考证号为 11111111111111（14 个 1），模拟证件号码为 111111111111111111（18 个 1）。输入完成后单击“确认登录”按钮。

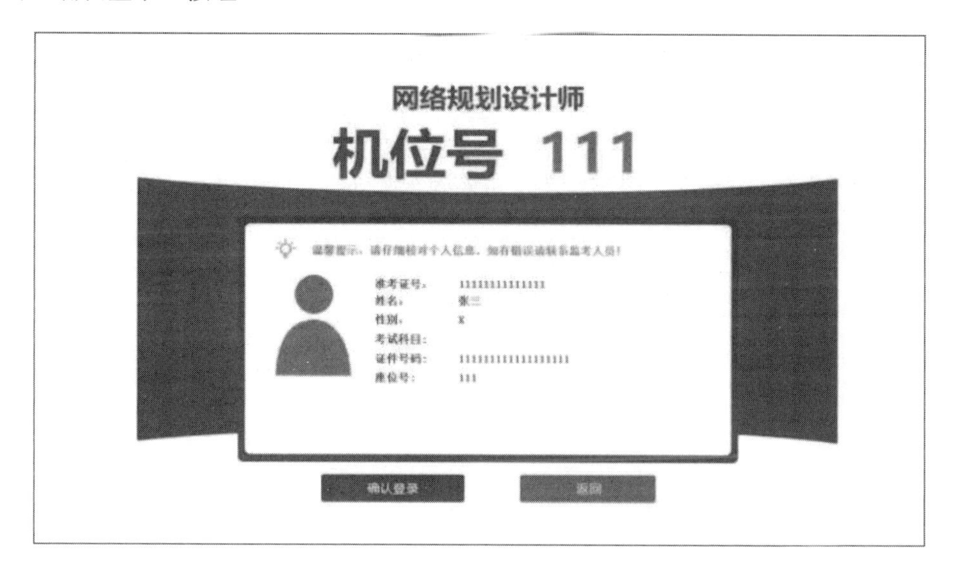

（3）试题界面。

此时，系统就进入了试题界面，如下图所示。

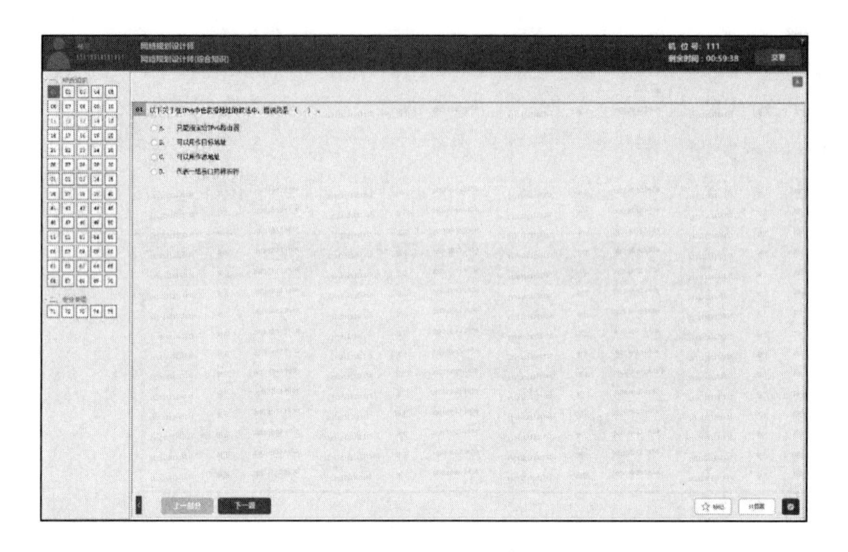

（4）试题界面及相关操作简介。

从整体上看，试题界面的上方是标题栏，左侧为题号栏，右侧为试题栏。

标题栏从左到右依次显示应试人员基本信息、本场考试名称（具体以正式考试为准）、考试科目名称、机位号、考试剩余时间、“交卷”按钮。

题号栏显示试题序号及试题作答状态，白色背景表示未作答，蓝色背景表示已作答，橙色背景表示当前正在作答，三角形符号表示题目被标记。考试中可以充分利用系统提供的标记功能，比如在做题中遇到暂时不确定的问题时，可以利用系统的标记功能对其进行标记，在做完其他试题之后，可以再根据系统的标记快速定位到这些不确定的试题并进行作答。如果试卷没有完全做完就提交，系统会提示还有几道题没有做。

提交基础知识部分的试卷后，系统会马上进入到案例分析部分的作答。案例分析部分的考试界面如下图所示。

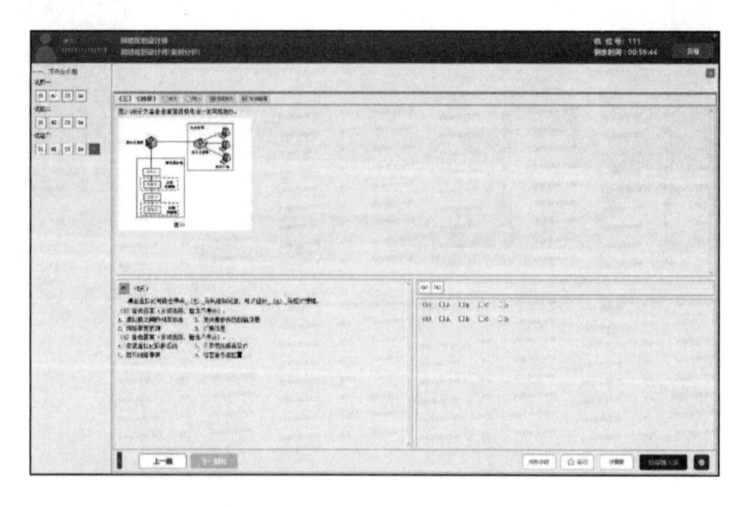

应用技术部分作答时，一定要特别注意各个小题对应的序号。在考试中，如果碰到复杂的计算，也可以充分地利用系统右下角提供的计算器来完成相关的计算。

待全部试题作答完成之后，如果还有较多的时间，可以进行检查，待确认无误之后，可以提交试卷，完成考试。注意，只有看到如下图所示的界面，才是最终结束考试。祝大家都顺利通过考试。

本书之 What & Why

为什么选择本书

通过历年考题来复习无疑是针对性极强且效率颇高的备考方式，但伴随着信息安全工程师2020 版考试大纲及教程的发布，各培训机构的讲师及备考考生发现，与之前考试的内容相比，发生的变化较大，考试考查的方向和重点也有所调整。鉴于此，我们精心组织编写了本书，以期能够让考生获得高效的备考抓手。

本书各试卷中的题目，一部分是作者结合大纲新增或改变的内容、机考考题特点及自身丰富的授课经验设计的，另一部分尽管源自历年考试题，但全部根据考试大纲及教程的变化进行了针对性的调整。因此，本书全部题目完全适用于当前备考。

本书所有的题目皆配有深入的解析及答案。本书解析部分力图通过考点把复习内容延伸到所涉知识面，同时力图以严谨而清晰的讲解让考生真正理解知识点。希望本书能够极大地提高考生的备考效率。

本书作者不一般

本书由长期从事软考培训工作的朱小平、施游老师担任主编。

朱小平，软考面授名师、高级工程师、网络规划设计师、信息安全工程师。授课语言简练、逻辑清晰、善于把握要点、总结规律，所讲授的“网络工程师”“网络规划设计师”“信息安全工程师”等课程深受学员好评。

施游，国内一线软考培训专家、高级实验师、网络规划设计师、信息安全工程师、高级程序员、大数据工程师。具有丰富的软考教学与培训经验。主编或参编了多部“5 天”“100 题”等软考系列丛书，深受学员、读者好评。

致谢

感谢中国水利水电出版社有限公司综合出版事业部副主任周春元在本书的策划、选题申报、写作大纲的确定以及编辑出版等方面付出的辛勤劳动和智慧，以及他给予我们的很多帮助。

另外，关于信息安全工程师备考及考试的更多信息请关注攻克要塞公众号，我们会不定期地推送相关信息给您。

编　者

2024 年 6 月

目　录

信息安全工程师机考试卷　第1套
基础知识卷

- 国家密码管理局于2006年公布了“无线局域网产品须使用的系列密码算法”，其中规定签名算法应使用的算法是__(1)__。

  (1) A．DH　B．ECDSA　C．ECDH　D．CPK

- 以下网络攻击中，__(2)__属于被动攻击。

  (2) A．拒绝服务　B．重放　C．假冒　D．窃听

- 下列算法中，不属于非对称加密算法的是__(3)__。

  (3) A．ECC　B．DSA　C．RSA　D．RC5

- 利用3DES进行加密，以下说法正确的是__(4)__。

  (4) A．3DES的密钥长度是56位
  B．3DES全部使用3个不同的密钥进行3次加密
  C．3DES的安全性高于DES
  D．3DES的加密速度比DES的速度快

- 面向身份信息的认证应用中，最简单的认证方法是__(5)__。

  (5) A．基于数据库的认证　B．基于摘要算法的认证
  C．基于PKI的认证　D．基于用户名/口令的认证

- 在报文摘要算法MD5中，首先要进行明文分组与填充，其中分组时明文报文摘要按照__(6)__位分组。

  (6) A．128　B．256　C．512　D．1024

- 报文摘要算法SHA-1输出的位数是__(7)__。

  (7) A．100位　B．128位　C．160位　D．180位

- 利用报文摘要算法生成报文摘要的目的是__(8)__。

  (8) A．验证通信对方的身份，防止假冒　B．对传输数据进行加密，防止数据被窃听
  C．防止发送方否认发送过的数据　D．防止发送的报文被篡改

- 公钥体系中，用户甲发送给用户乙的数据要用__(9)__进行加密。

  (9) A．甲的公钥　B．甲的私钥　C．乙的公钥　D．乙的私钥

- 在电子政务信息系统设计中应高度重视系统的__(10)__设计，防止对信息的篡改、越权获取和蓄意破坏。

  (10) A．容错　B．结构化　C．可用性　D．安全性

- 拒绝服务攻击是指攻击者利用系统的缺陷，执行一些恶意的操作，使得合法的系统用户不能及时得到应得的服务或系统资源。常见的拒绝服务攻击有同步包风暴、UDP 洪水、垃圾邮件、泪滴攻击、Smurf 攻击、分布式拒绝服务攻击等类型。其中，能够通过在 IP 数据包中加入过多或不必要的偏移量字段，使计算机系统重组错乱的是＿（11）＿。

（11）A．同步包风暴　　B．UDP 洪水　　C．垃圾邮件　　D．泪滴攻击

- 1997 年 NIST 发布了征集 AES 算法的活动，确定选择 Rijndael 作为 AES 算法，该算法支持的密钥长度不包括＿（12）＿。

（12）A．128 比特　　B．192 比特　　C．256 比特　　D．512 比特

- 为了增强 DES 算法的安全性，NIST 于 1999 年发布了三重 DES 算法——TDEA。设 DES $E_k()$ 和 DES $D_k()$分别表示以 k 为密钥的 DES 算法的加密和解密过程，P 和 O 分别表示明文和密文消息，则 TDEA 算法的加密过程正确的是＿（13）＿。

（13）A．P→DES E_{k1}→DES E_{k2}→DES E_{k3}→O　B．P→DES D_{k1}→DES D_{k2}→DES D_{k3}→O

C．P→DES E_{k1}→DES D_{k2}→DES E_{k3}→O　D．P→DES D_{k1}→DES E_{k2}→DES D_{k3}→O

- 以下关于数字证书的叙述中，错误的是＿（14）＿。

（14）A．数字证书由 RA 签发

B．数字证书包含持有者的签名算法标识

C．数字证书的有效性可以通过验证持有者的签名来确定

D．数字证书包含公开密钥拥有者信息

- SSH 是基于公钥的安全应用协议，可以实现加密、认证、完整性检验等多种网络安全服务。SSH 由＿（15）＿3 个子协议组成。

（15）A．SSH 传输层协议、SSH 用户认证协议和 SSH 连接协议

B．SSH 网络层协议、SSH 用户认证协议和 SSH 连接协议

C．SSH 传输层协议、SSH 密钥交换协议和 SSH 用户认证协议

D．SSH 网络层协议、SSH 密钥交换协议和 SSH 用户认证协议

- 针对电子邮件的安全问题，人们利用 PGP（Pretty Good Privacy）来保护电子邮件的安全。以下有关 PGP 的表述，错误的是＿（16）＿。

（16）A．PGP 的密钥管理采用 RSA　　B．PGP 的完整性检测采用 MD5

C．PGP 的数字签名采用 RSA　　D．PGP 的数据加密采用 DES

- PDRR 信息模型改进了传统的只有保护的单一安全防御思想，强调信息安全保障的 4 个重要环节：保护（Protection）、检测（Detection）、恢复（Recovery）、响应（Response）。其中，信息隐藏是属于＿（17）＿的内容。

（17）A．保护　　B．检测　　C．恢复　　D．响应

- BLP 机密性模型用于防止非授权信息的扩散，从而保证系统的安全。其中主体只能向下读，不能向上读的特性被称为＿（18）＿。

（18）A．*特性　　B．调用特性　　C．简单安全特性　　D．单向性

- 依据《信息安全技术 网络安全等级保护测评要求》的规定，定级对象的安全保护等级分为 5 个等级，其中第三级称为＿（19）＿。

（19）A．系统审计保护级　　B．安全标记保护级
　　C．结构化保护级　　D．访问验证保护级

- 美国国家标准与技术研究院 NIST 发布了《提升关键基础设施网络安全的框架》，该框架定义了 5 种核心功能：识别（Identify）、保护（Protection）、检测（Detection）、响应（Response）、恢复（Recovery），每个功能对应具体的子类。其中，访问控制子类属于__（20）__功能。

（20）A．识别　　B．保护　　C．检测　　D．响应

- 物理安全是网络信息系统安全运行、可信控制的基础。物理安全威胁一般分为自然安全威胁和人为安全威胁。以下属于人为安全威胁的是__（21）__。

（21）A．地震　　B．火灾　　C．盗窃　　D．雷电

- 互联网数据中心（IDC）是一类向用户提供资源出租基本业务和有关附加业务、在线提供 IT 应用平台能力租用服务和应用软件租用服务的数据中心。《互联网数据中心工程技术规范》（GB 51195—2016）规定 IDC 机房分为 R1、R2、R3 三个级别。其中，R2 级 IDC 机房的机房基础设施和网络系统应具备冗余能力，机房基础设施和网络系统可支撑的 IDC 业务的可用性不应小于__（22）__。

（22）A．95%　　B．99%　　C．99.5%　　D．99.9%

- 目前，计算机及网络系统中常用的身份认证技术主要有：口令认证技术、智能卡技术、基于生物特征的认证技术等。其中不属于生物特征的是__（23）__。

（23）A．数字证书　　B．指纹　　C．虹膜　　D．DNA

- Kerberos 是一个网络认证协议，其目标是使用密钥加密为客户端/服务器应用程序提供强身份认证。以下关于 Kerberos 的说法中，错误的是__（24）__。

（24）A．通常将认证服务器（AS）和票据发放服务器（TGS）统称为 KDC
　　B．票据（Ticket）主要包括客户和目的服务方 Principal、客户方 IP 地址、时间戳、Ticket 生存期和会话密钥
　　C．Kerberos 利用对称密码技术，使用可信第三方为应用服务器提供认证服务
　　D．认证服务器（AS）为申请服务的用户授予票据

- 一个 Kerberos 系统涉及 4 个基本实体：Kerberos 客户机、认证服务器（AS）、票据发放服务器（TGS）和应用服务器。其中，实现识别用户身份和分配会话密钥功能的是__（25）__。

（25）A．Kerberos 客户机　　B．认证服务器（AS）
　　C．票据发放服务器（TGS）　　D．应用服务器

- 访问控制机制由一组安全机制构成，可以抽象为一个简单模型，以下不属于访问控制模型要素的是__（26）__。

（26）A．主体　　B．客体　　C．审计库　　D．协议

- 在政府部门、军事和金融等高安全等级需求领域，常利用__（27）__将系统中的资源划分安全等级和不同类别，然后进行安全管理。

（27）A．自主访问控制　　B．强制访问控制机制
　　C．基于角色的访问控制　　D．基于属性的访问控制

- 访问控制规则是访问约束条件集，是访问控制策略的具体实现和表现形式。目前常见的访问控

制规则有：基于角色的访问控制规则、基于时间的访问控制规则、基于异常事件的访问控制规则以及基于地址的访问控制规则等。当系统中的用户登录出现 3 次失败后，系统在一段时间内冻结账户的规则属于___(28)___。

（28）A．基于角色的访问控制规则　　B．基于时间的访问控制规则
　　　C．基于异常事件的访问控制规则　　D．基于地址的访问控制规则

- UNIX 系统中超级用户的特权会分解为若干个特权子集，分别赋给不同的管理员，使管理员只能具有完成其任务所需的权限，该访问控制的安全管理被称为___(29)___。

（29）A．最小特权管理　　B．最小泄露管理
　　　C．职责分离管理　　D．多级安全管理

- 防火墙是由一些软件、硬件组合而成的网络访问控制器。它根据一定的安全规则来控制流过防火墙的数据包，起到网络安全屏障的作用。以下关于防火墙的叙述中，错误的是___(30)___。

（30）A．防火墙能够屏蔽被保护网络内部的信息、拓扑结构和运行状况
　　　B．白名单策略禁止与安全规则相冲突的数据包通过防火墙，其他数据包都允许
　　　C．防火墙可以控制网络带宽的分配使用
　　　D．防火墙无法有效防范内部威胁

- Cisco IOS 的包过滤防火墙有两种访问规则形式：标准 IP 访问表和扩展 IP 访问表。
标准 IP 访问控制规则的格式如下：

```
access-list list-number{deny/permit} source[source-wildcard][log]
```

扩展 IP 访问控制规则的格式如下：

```
access-list list-number{deny/permit }protocol
source source-wildcard source-qualifiers
destination destination-wildcard destination-qualifiers[log/log-input]
```

针对标准 IP 访问表和扩展 IP 访问表，以下叙述中错误的是___(31)___。

（31）A．标准 IP 访问控制规则的 list-number 规定为 1～99
　　　B．permit 表示若经过 Cisco IOS 过滤器的包条件匹配，则允许该包通过
　　　C．source 表示来源的 IP 地址
　　　D．source-wildcard 表示发送数据包的主机地址的通配符掩码，其中 0 表示“忽略”

- 网络地址转换简称 NAT，NAT 技术主要是为了解决网络公开地址不足而出现的。网络地址转换的实现方式中，把内部地址映射到外部网络的一个 IP 地址的不同端口的实现方式被称为___(32)___。

（32）A．静态 NAT　　B．NAT 池　　C．端口 NAT　　D．应用服务代理

- 用户在实际应用中通常将入侵检测系统放置在防火墙内部，这样可以___(33)___。

（33）A．增强防火墙的安全性　　B．扩大检测范围
　　　C．提升检测效率　　D．降低入侵检测系统的误报率

- 虚拟专用网（VPN）技术把需要经过公共网络传递的报文加密处理后，由公共网络发送到目的地。以下不属于 VPN 安全服务的是___(34)___。

（34）A．合规性服务　　B．完整性服务　　C．保密性服务　　D．认证服务

- 按照 VPN 在 TCP/IP 协议层的实现方式，可以将其分为链路层 VPN、网络层 VPN 和传输层

VPN。以下 VPN 实现方式中，属于网络层 VPN 的是__(35)__。

(35) A. ATM　B. 隧道技术　C. SSL　D. 多协议标签交换（MPLS）

- IPSec 是 Internet Protocol Security 的缩写，以下关于 IPSec 协议的叙述中，错误的是__(36)__。

(36) A. IP AH 的作用是保证 IP 包的完整性和提供数据源认证

B. IP AH 提供数据包的机密性服务

C. IP ESP 的作用是保证 IP 包的保密性

D. IPSec 协议提供完整性验证机制

- SSL 是一种用于构建客户端和服务器端之间安全通道的安全协议，它包含握手协议、密码规格变更协议、记录协议和报警协议。其中用于传输数据的分段、压缩及解压缩、加密及解密、完整性校验的是__(37)__。

(37) A. 握手协议　B. 密码规格变更协议　C. 记录协议　D. 报警协议

- IPSec VPN 的功能不包括__(38)__。

(38) A. 数据包过滤　B. 密钥协商　C. 安全报文封装　D. 身份鉴别

- 入侵检测模型（CIDF）认为入侵检测系统由事件产生器、事件分析器、响应单元和事件数据库 4 个部分构成，其中分析所得到的数据并产生分析结果的是__(39)__。

(39) A. 事件产生器　B. 事件分析器　C. 响应单元　D. 事件数据库

- 误用入侵检测通常称为基于特征的入侵检测方法，是指根据已知的入侵模式检测入侵行为。常见的误用检测方法包括：基于条件概率的误用检测方法、基于状态迁移的误用检测方法、基于键盘监控的误用检测方法和基于规则的误用检测方法。其中 Snort 入侵检测系统属于__(40)__。

(40) A. 基于条件概率的误用检测方法　B. 基于状态迁移的误用检测方法

C. 基于键盘监控的误用检测方法　D. 基于规则的误用检测方法

- 根据入侵检测系统的检测数据来源和它的安全作用范围，可以将其分为基于主机的入侵检测系统 HIDS、基于网络的入侵检测系统 NIDS 和分布式入侵检测系统 DIDS 三种。以下软件不属于基于主机的入侵检测系统 HIDS 的是__(41)__。

(41) A. Cisco Secure IDS　B. SWATCH

C. Tripwire　D. 网页防篡改系统

- 根据入侵检测应用对象，常见的产品类型有 Web IDS、数据库 IDS、工控 IDS 等。以下攻击中，不宜采用数据库 IDS 检测的是__(42)__。

(42) A. SQL 注入攻击　B. 数据库系统口令攻击

C. 跨站点脚本攻击　D. 数据库漏洞利用攻击

- Snort 是典型的网络入侵检测系统，通过获取网络数据包，进行入侵检测形成报警信息。Snort 规则由规则头和规则选项两部分组成。以下内容不属于规则头的是__(43)__。

(43) A. 源地址　B. 目的端口号　C. 协议　D. 报警信息

- 网络物理隔离系统是指通过物理隔离技术，在不同的网络安全区域之间建立一个能够实现物理隔离、信息交换和可信控制的系统，以满足不同安全区域的信息或数据交换。以下有关网络物理隔离系统的叙述中，错误的是__(44)__。

(44) A. 使用网闸的两个独立主机不存在通信物理连接，主机对网闸只有“读”操作

B．双硬盘隔离系统在使用时必须不断重新启动切换，且不易于统一管理

C．单向传输部件可以构成可信的单向信道，该信道无任何反馈信息

D．单点隔离系统主要保护单独的计算机，防止外部直接攻击和干扰

● 网络物理隔离机制中，使用一个具有控制功能的开关读写存储安全设备，通过开关的设置来连接或者切断两个独立主机系统的数据交换，使两个或者两个以上的网络在不连通的情况下，实现它们之间的安全数据交换与共享，该技术被称为__（45）__。

（45）A．双硬盘　　B．信息摆渡　　C．单向传输　　D．网闸

● 网络安全审计是指对网络信息系统的安全相关活动信息进行获取、记录、存储、分析和利用的工作。在《计算机信息系统 安全保护等级划分准则》（GB 17859—1999）中，不要求对删除客体操作具备安全审计功能的计算机信息系统的安全保护等级属于__（46）__。

（46）A．用户自主保护级　　B．系统审计保护级

C．安全标记保护级　　D．结构化保护级

● 操作系统审计一般是对操作系统用户和系统服务进行记录，主要包括用户登录和注销、系统服务启动和关闭、安全事件等。Windows 操作系统记录系统事件的日志中，只允许系统管理员访问的是__（47）__。

（47）A．系统日志　　B．应用程序日志　　C．安全日志　　D．性能日志

● 网络审计数据涉及系统整体的安全性和用户隐私，以下安全技术措施不属于保护审计数据安全的是__（48）__。

（48）A．系统用户分权管理　　B．审计数据加密

C．审计数据强制访问　　D．审计数据压缩

● 以下网络入侵检测不能检测发现的安全威胁是__（49）__。

（49）A．黑客入侵　　B．网络蠕虫　　C．非法访问　　D．系统漏洞

● 网络信息系统漏洞的存在是网络攻击成功的必要条件之一。以下有关安全事件与漏洞对应关系的叙述中，错误的是__（50）__。

（50）A．Internet 蠕虫，利用 Sendmail 及 Finger 漏洞

B．冲击波蠕虫，利用 TCP/IP 协议漏洞

C．Wannacry 勒索病毒，利用 Windows 系统的 SMB 漏洞

D．Slammer 蠕虫，利用微软 MS SQL 数据库系统漏洞

● 网络信息系统的漏洞主要来自两个方面：非技术性安全漏洞和技术性安全漏洞。以下属于非技术性安全漏洞来源的是__（51）__。

（51）A．网络安全策略不完备　　B．设计错误

C．缓冲区溢出　　D．配置错误

● 以下网络安全漏洞发现工具中，具备网络数据包分析功能的是__（52）__。

（52）A．Flawfinder　　B．Wireshark　　C．MOPS　　D．Splint

● 恶意代码能够经过存储介质或网络进行传播，未经认证授权访问或破坏计算机系统。恶意代码的传播方式分为主动传播和被动传播。__（53）__属于主动传播的恶意代码。

（53）A．逻辑炸弹　　B．特洛伊木马　　C．网络蠕虫　　D．计算机病毒

- 文件型病毒不能感染的文件类型是__（54）__。

（54）A．HTML 型　　B．COM 型　　C．SYS 型　　D．EXE 类型

- 网络蠕虫利用系统漏洞进行传播。根据网络蠕虫发现易感主机的方式，可将网络蠕虫的传播方法分成 3 类：随机扫描、顺序扫描和选择性扫描。以下网络蠕虫中，支持顺序扫描传播策略的是__（55）__。

（55）A．Slammer　　B．Nimda　　C．Lion Worm　　D．Blaster

- __（56）__是指攻击者利用入侵手段将恶意代码植入目标计算机，进而操纵受害机执行恶意活动。

（56）A．ARP 欺骗　　B．网络钓鱼　　C．僵尸网络　　D．特洛伊木马

- 拒绝服务攻击是指攻击者利用系统的缺陷，执行一些恶意操作，使得合法用户不能及时得到应得的服务或者系统资源。常见的拒绝服务攻击包括：UDP 风暴、SYN Flood、ICMP 风暴及 Smurf 攻击等。其中，利用 TCP 协议中的三次握手过程，通过攻击使大量第三次握手过程无法完成而实施拒绝服务攻击的是__（57）__。

（57）A．UDP 风暴　　B．SYN Flood　　C．ICMP 风暴　　D．Smurf 攻击

- 某数据库中数据记录的规范为<姓名，出生日期，性别，电话>，其中一条数据记录为<张三，1965 年 4 月 15 日，男，12345678>。为了保护用户隐私，对其进行隐私保护处理，处理后的数据记录为：<张*，1960—1970 年生，男，1234****>，这种隐私保护措施被称为__（58）__。

（58）A．泛化　　B．抑制　　C．扰动　　D．置换

- 信息安全风险评估是指确定在计算机系统和网络中每一种资源缺失或遭到破坏对整个系统造成的预计损失数量，是对威胁、脆弱点以及由此带来的风险大小的评估。一般将信息安全风险评估实施划分为评估准备、风险要素识别、风险分析和风险处置 4 个阶段。其中对评估活动中的各类关键要素资产、威胁、脆弱性、安全措施进行识别和赋值的过程属于__（59）__阶段。

（59）A．评估准备　　B．风险要素识别　　C．风险分析　　D．风险处置

- 计算机取证主要围绕电子证据进行，电子证据必须是可信、准确、完整、符合法律法规的。电子证据肉眼不能够直接可见，必须借助适当的工具的性质，是指电子证据的__（60）__。

（60）A．高科技性　　B．易破坏性　　C．无形性　　D．机密性

- 按照网络安全测评的实施方式，测评主要包括安全管理检测、安全功能检测、代码安全审计、安全渗透以及信息系统攻击测试等。其中《信息安全技术 网络安全等级保护安全设计技术要求》（GB/T 25070—2019）等国家标准是__（61）__的主要依据。

（61）A．安全管理检测　　B．信息系统攻击测试
　　　C．代码安全审计　　D．安全功能检测

- 网络安全渗透测试的过程可以分为委托受理、准备、实施、综合评估和结题 5 个阶段，其中确认渗透测试时间、制定渗透方案属于__（62）__阶段。

（62）A．委托受理　　B．准备　　C．实施　　D．综合评估

- 日志文件是纯文本文件，其中的每一行表示一个消息，由固定格式的__（63）__4 个域组成。

（63）A．时间标签、主机名、生成消息的子系统名称、消息
　　　B．主机名、生成消息的子系统名称、消息、备注
　　　C．时间标签、主机名、消息、备注

D．时间标签、主机名、用户名、消息

- 在 Windows 系统中需要配置的安全策略主要有账户策略、审计策略、远程访问以及文件共享等。以下不属于配置账户策略的是＿（64）＿。

（64）A．密码复杂度要求　　B．账户锁定阈值
C．日志审计　　D．账户锁定计数器

- 随着数据库所处的环境日益开放，所面临的安全威胁也日益增多，其中攻击者假冒用户身份获取数据库系统访问权限的威胁属于＿（65）＿。

（65）A．旁路控制　　B．隐蔽信道　　C．口令破解　　D．伪装

- 大多数的数据库系统有公开的默认账号和默认密码，系统默认密码有些就存储在操作系统中的普通文本文件中，如 Oracle 数据库的内部密码就存储在＿（66）＿文件中。

（66）A．listener.ora　　B．strXXX.cmd　　C．key.ora　　D．paswrd.cmd

- 数据库系统是一个复杂性高的基础软件，其安全机制主要有标识与鉴别、访问控制、安全审计、数据加密、安全加固以及安全管理等，其中＿（67）＿可以实现安全角色配置和安全功能管理。

（67）A．访问控制　　B．安全审计　　C．安全加固　　D．安全管理

- 交换机是构成网络的基础设备，主要功能是负责网络通信数据包的交换传输。其中工作于 OSI 的数据链路层，能够识别数据中的 MAC，并根据 MAC 地址选择转发端口的是＿（68）＿。

（68）A．第一代交换机　　B．第二代交换机　　C．第三代交换机　　D．第四代交换机

- 以下不属于网络设备提供的 SNMP 访问控制措施的是＿（69）＿。

（69）A．SNMP 权限分级机制　　B．限制 SNMP 访问的 IP 地址
C．SNMP 访问认证　　D．关闭 SNMP 访问

- 网络设备的常见漏洞包括拒绝服务漏洞、旁路、代码执行、溢出及内存破坏等。CVE-2000-0945 漏洞显示思科 Catalyst 3500 XL 交换机的 Web 配置接口允许远程攻击者不需要认证就执行命令，该漏洞属于＿（70）＿。

（70）A．拒绝服务漏洞　　B．旁路　　C．代码执行　　D．内存破坏

- Perhaps the most obvious difference between private-key and public-key encryption is that the former assumes complete secrecy of all cryptographic keys，whereas the latter requires secrecy for only the private-key. Although this may seem like a minor distinction，the ramifications are huge: in the private-key setting the communicating parties must somehow be able to share the ＿（71）＿ key without allowing any third party to learn it, whereas in the public-key setting the＿（72）＿key can be sent from one party to the other over a public channel without compromising security. For parties shouting across a room or, more realistically, communicating over a public network like a phone line or the Internet, public-key encryption is the only option.

Another important distinction is that private-key encryption schemes use the ＿（73）＿ key for both encryption and decryption, whereas public-key encryption schemes use ＿（74）＿ keys for each operation. That is, public-key encryption is inherently asymmetric. This asymmetry in the public-key setting means that the roles of sender and receiver are not interchangeable as they are in the private-key setting; a single key-pair allows communication in one direction only (Bidirectional communication can be achieved in a number of ways, the point is that a single invocation of a public-key encryption scheme forces a distinction between one user who acts as a receiver and other users who act as senders). In addition, a single instance of a __(75)__ encryption scheme enables multiple senders to communicate privately with a single receiver, in contrast to the private-key case where a secret key shared between two parties enables private communication only between those two parties.

(71) A. main B. same C. public D. secret
(72) A. stream B. different C. public D. secret
(73) A. different B. same C. public D. private
(74) A. different B. same C. public D. private
(75) A. private-key B. public-key C. stream D. hash

信息安全工程师机考试卷　第 1 套
应用技术卷

试题一（共 20 分）

阅读下列说明，回答【问题 1】至【问题 4】。

【说明】密码编码学是研究把信息（明文）变换成没有密钥就不能解读或很难解读的密文的方法，密码分析学的任务是破译密码或伪造认证密码。

【问题 1】（10 分）

通常一个密码系统简称密码体制，请简述密码体制的构成。

【问题 2】（3 分）

根据所基于的数学基础的不同，非对称密码体制通常分为＿（1）＿、＿（2）＿、＿（3）＿。

【问题 3】（2 分）

根据密文数据段是否与明文数据段在整个明文中的位置有关，可以将密码体制分为＿（4）＿体制和＿（5）＿体制。

【问题 4】（5 分）

图 1-1 给出的加密过程中，m_i（i=1,2,⋯,n）表示明文分组，c_i（i=1,2,⋯,n）表示密文分组，k 表示密钥，E 表示分组加密过程。该分组加密过程属于哪种工作模式？这种分组密码的工作模式有什么缺点？

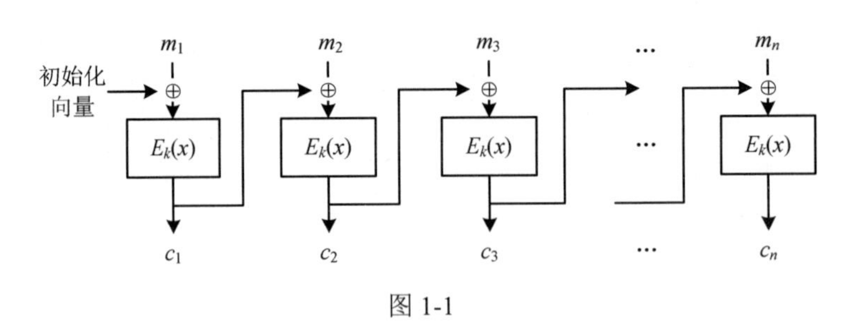

图 1-1

试题二（共 20 分）

阅读下列说明，回答【问题 1】至【问题 5】。

【说明】Linux 系统中所有内容都是以文件的形式保存和管理的，即一切皆文件。普通文本、音视频、二进制程序是文件，目录是文件，硬件设备（键盘、监视器、硬盘、打印机）是文件，就连网络套接字等也都是文件。在 Linux Ubuntu 系统下执行 ls -l 命令后显示的结果如图 2-1 所示。

```
hujianwei@local:~/var/run$ ls -l
drwxr-xr-x. 2 root root      40 7月20日 16:11  openvpn
lrwxrwxrwx. 1 root root       8 7月20日 16:11  shm->/dev/shm
srw-rw-rw-. 1 root root       0 7月20日 16:11  snapd.socket
-rw-r--r--. 1 root root       4 7月20日 16:11  crond.pid
-rwxr-xr-x. 1 root root  203768 7月20日 16:11  abc
```

图 2-1

【问题 1】（2 分）

请问执行上述命令的用户是普通用户还是超级用户？

【问题 2】（3 分）

（1）请给出图 2-1 中属于普通文件的文件名。

（2）请给出图 2-1 中的目录文件名。

（3）请给出图 2-1 中的符号链接文件名。

【问题 3】（2 分）

符号链接是 Linux 系统中的一种文件类型，它指向计算机上另一个文件或文件夹。符号链接类似于 Windows 系统中的快捷方式。如果要在当前目录下创建图 2-1 中所示的符号链接，请给出相应的命令。

【问题 4】（3 分）

当源文件（或目录）被移动或者被删除时，指向它的符号链接就会失效。

（1）请给出命令，实现列出/home 目录下各种类型（如：文件、目录及子目录）的所有失效链接。

（2）在（1）的基础上，完善命令以实现删除所有失效链接。

【问题 5】（10 分）

Linux 系统的权限模型由文件的所有者、文件的组、所有其他用户以及读（r）、写（w）、执行（x）组成。

（1）请写出第一个文件的数字权限表示。

（2）请写出最后一个文件的数字权限表示。

（3）请写出普通用户执行最后一个文件后的有效权限。

（4）请给出删除第一个文件的‘x’权限的命令。

（5）执行（4）给出的命令后，请说明 root 用户能否进入该文件。

试题三（共 18 分）

阅读下列说明和图，回答【问题 1】至【问题 9】。

【说明】Windows 系统日志是记录系统中硬件、软件和系统问题的信息文件，同时还可以监视系统中发生的事件。用户可以通过它来检查错误发生的原因，或者寻找受到攻击时攻击者留下的痕迹。有一天，王工在夜间的例行安全巡检过程中，发现有异常日志告警，如图 3-1 所示；通过查看 NTA 全流量分析设备，找到了对应的可疑流量，如图 3-2 所示。请分析其中可能的安全事件。

日志事件数：3,625

级别	日期和时间	来源	事件ID任务类别
ⓘ信息	2022/7/23 22:00:04	Microsoft Windows security auditing.	4625 Logon
ⓘ信息	2022/7/23 22:00:04	Microsoft Windows security auditing.	4625 Logon
ⓘ信息	2022/7/23 22:00:04	Microsoft Windows security auditing.	4625 togon
ⓘ信息	2022/7/23 22:00:04	Microsoft Windows security auditing.	4625 Logon
ⓘ信息	2022/7/23 22:00:04	Microsoft Windows security auditing.	4625 Logon

图 3-1

【问题 1】（2 分）

Windows 系统提供的日志有 3 种类型，分别是系统日志、应用程序日志和安全日志，请问图 3-1 的日志最有可能来自哪种类型的日志？

ID	Source	Destination	Protocol	Info
11898	192.168.69.69	192.168.1.100	TCP	60 49924→3389 [ACK] Seq=1 Ack=1 Win=65536 Len=0
11891	192.168.69.69	192.168.1.100	TLSv1	73 Ignored Unknown Record
11892	192.168.1.100	192.168.69.69	TCP	54 3389→49924 [ACK] Seq=1 Ack=20 Win=65536 Len=0
11893	192.168.1.100	192.168.69.69	TLSv1	73 Ignored Unknown Record
11899	192.168.69.69	192.168.1.100	TCP	60 49924→3389 [ACK] Seq=20 Ack=20 Win=65536 Len=0
12161	192.168.69.69	192.168.1.100	TLSv1	248 Client Hello
12162	192.168.1.100	192.168.69.69	TLSV1	878 Server Hello, Certificate, Server Hello Done
12164	192.168.69.69	192.168.1.100	TLSv1	380 client Key Exchange, Change Cipher spec, Encrypted Handshake Message
12165	192.168.1.100	192.168.69.69	TLSv1	113 Change Cipher spec, Encrypted Handshake Message
12167	192.168.69.69	192.168.1.100	TCP	60 49924→3389 [ACK] Seq=548 Ack=903 Win=64768 len=0
12168	192.168.69.69	192.168.1.100	TLSv1	139 Application Data
12169	192.168.1.100	192.168.69.69	TLSv1	251 Application Data

图 3-2

【问题 2】（2 分）

请选择 Windows 系统所采用的记录日志信息的文件格式后缀名。

A．log　　B．txt　　C．xml　　D．evt

【问题 3】（2 分）

访问 Windows 系统中的日志记录有多种方法，请问通过命令行窗口快速访问日志的命令名字（事件查看器）是什么？

【问题 4】（2 分）

Windows 系统通过事件 ID 来记录不同的系统行为，图 3-1 的事件 ID 为 4625，请结合任务类别，判断导致上述日志的最有可能的情况。

A．本地成功登录　　B．网络失败登录　　C．网络成功登录　　D．本地失败登录

【问题 5】（2 分）

王工通过对攻击流量的关联分析定位到了图 3-2 所示的网络分组，请指出上述攻击针对的是哪一个端口。

【问题 6】（2 分）

如果要在 Wireshark 当中过滤出上述流量分组，请写出在显示过滤框中应输入的过滤表达式。

【问题 7】（2 分）

Windows 系统为了实现安全的远程登录使用了 tls 协议，请问图 3-2 中，服务器的数字证书是在哪一个数据包中传递的？通信双方是从哪一个数据包开始传递加密数据的？请给出对应数据包的序号。

【问题 8】（2 分）

网络安全事件可分为有害程序事件、网络攻击事件、信息破坏事件、信息内容安全事件、设备设施故障、灾害性事件和其他事件。请问上述攻击属于哪一种网络安全事件？

【问题 9】（2 分）

此类攻击针对的是三大安全目标（即保密性、完整性、可用性）中的哪一个？

试题四（共 17 分）

阅读下列说明，回答【问题 1】至【问题 5】。

【说明】网络安全侧重于防护网络和信息化的基础设施。数据安全侧重于保障数据在开放、利用、流转等处理环节的安全以及个人信息隐私保护。网络安全与数据安全紧密相连，相辅相成。数据安全要实现数据资源异常访问行为分析，必须高度依赖网络安全日志的完整性。随着《中华人民共和国网络安全法》和《中华人民共和国数据安全法》的落地，数据安全已经进入法制化时代。

【问题 1】（6 分）

2022 年 7 月 21 日，国家互联网信息办公室公布的对××公司依法做出网络安全审查相关行政处罚的决定，开出了 80.26 亿元的罚单，请分析一下，××公司违反了哪些网络安全法律法规？

【问题 2】（2 分）

根据《中华人民共和国数据安全法》，数据分类分级已经成为企业数据安全治理的必选题。一般企业按数据敏感程度进行划分，可将数据分为一级公开数据、二级内部数据、三级秘密数据和四级机密数据。请问，一般员工的个人信息属于几级数据？

【问题 3】（2 分）

隐私可以分为身份隐私、属性隐私、社交关系隐私以及位置和轨迹隐私等几大类，请问员工的薪水属于哪一类隐私？

【问题 4】（2 分）

隐私保护常见的技术措施有抑制、泛化、置换、扰动和裁剪等。若某员工的月薪为 8750 元，经过脱敏处理后，显示为 5k～10k，这种处理方式属于哪种技术措施？

【问题 5】（5 分）

密码学技术也可以用于实现隐私保护，利用加密技术可阻止非法用户对隐私数据的未授权访问和滥用。若某员工的用户名为“admin”，计划用 RSA 对用户名进行加密，假设选取的两个素数 p=47，q=71，公钥加密指数 e=3。

（1）上述 RSA 加密算法的公钥是多少？

（2）请给出上述用户名用十六进制表示的整数值。

（3）直接利用（1）中的公钥对（2）中的整数值进行加密是否可行？请简述原因。

（4）请写出对该用户名进行加密的计算公式。

信息安全工程师机考试卷　第1套
基础知识卷参考答案/试题解析

（1）**参考答案**：B

试题解析　国家密码管理局于2006年1月6日发布公告，公布了“无线局域网产品须使用的系列密码算法”，包括：

1）对称密码算法：SMS4。

2）签名算法：ECDSA。

3）密钥协商算法：ECDH。

4）杂凑算法：SHA-256。

5）随机数生成算法：自行选择。

其中，ECDSA和ECDH密码算法须采用国家密码管理局指定的椭圆曲线和参数。

（2）**参考答案**：D

试题解析　攻击可分为两类：

1）主动攻击涉及修改数据流或创建数据流，它包括假冒、重放、修改消息与拒绝服务。

2）被动攻击只是窥探、窃取、分析重要信息，但不影响网络、服务器的正常工作。

（3）**参考答案**：D

试题解析　加密密钥和解密密钥相同的算法，称为对称加密算法。常见的对称加密算法有DES、3DES、RC5、IDEA等。

加密密钥和解密密钥不相同的算法，称为非对称加密算法，这种方式又称为公钥密码加密算法。在非对称加密算法中，私钥用于解密和签名，公钥用于加密和认证。典型的公钥密码体制有RSA、DSA和ECC。

（4）**参考答案**：C

试题解析　3DES是DES的扩展，是执行了3次的DES。3DES具有安全强度较高，可以抵抗穷举攻击的优点，但是它的缺点是用软件实现起来速度比较慢。

3DES有两种加密方式：

1）第一、三次加密使用同一密钥，这种方式密钥长度128位（112位有效）。

2）3次加密使用不同的密钥，这种方式密钥长度192位（168位有效）。

目前中国人民银行的智能卡技术规范支持3DES。

（5）**参考答案**：D

试题解析　用户名/口令认证技术是最简单、最普遍的身份识别技术，如各类系统的登录等。

（6）**参考答案**：C

试题解析　消息摘要算法5（MD5），把信息分为512比特的分组，并且创建一个128比特的摘要。

（7）参考答案：C

试题解析　安全Hash算法（SHA-1），把信息分为512比特的分组，并且创建一个160比特的摘要。

（8）参考答案：D

试题解析　Hash函数用于构建数据的“指纹”，而“指纹”用于标识数据，可以防止发送的报文被篡改。

（9）参考答案：C

试题解析　在非对称加密算法中，私钥用于解密和签名，公钥用于加密和认证。因此用乙的公钥加密信息发给乙是合适的。

（10）参考答案：D

试题解析　安全性设计可以防攻击、破坏、篡改等。

（11）参考答案：D

试题解析　1）同步包风暴：发送大量半连接状态的服务请求，使服务器无法处理正常的连接请求。

2）UDP洪水：利用主机能自动进行回复的服务来进行攻击。

3）垃圾邮件：攻击者利用邮件系统制造垃圾信息，甚至通过专门的邮件炸弹程序给受害用户的信箱发送垃圾信息，耗尽用户信箱的磁盘空间。

4）泪滴攻击：IP数据包在网络中传输时，会被分解成许多不同的片传送，并借由偏移量字段（Offsct Field）作为重组的依据。泪滴攻击通过加入过多或不必要的偏移量字段，使计算机系统重组错乱，产生不可预期的后果。

（12）参考答案：D

试题解析　在AES标准规范中，分组长度只能是128位，密钥的长度可以使用128位、192位或者256位。

（13）参考答案：C

试题解析　TDEA算法的工作机制是使用DES对明文进行“加密→解密→加密”操作，即对DES加密后的密文进行解密再加密，而解密则相反。TDEA的加密过程：P→DES E_{k1}→DES D_{k2}→DES E_{k3}→O；TDEA的解密过程：P→DES D_{k1}→DES E_{k2}→DES D_{k3}→O。

（14）参考答案：A

试题解析　CA（Certificate Authority）提供数字证书的申请、审核、签发、查询、发布以及证书吊销等生命周期的管理服务。RA是证书登记权威机构，辅助CA完成绝大部分的证书处理事务，因此数字证书真正的签发者是CA。

（15）参考答案：A

试题解析　SSH是基于公钥的安全应用协议，由SSH传输层协议、SSH用户认证协议和SSH连接协议3个子协议组成，各子协议分工合作，实现加密认证和完整性检查等多种安全服务。SSH传输层协议提供算法协商和密钥交换并实现服务器的认证，最终形成一个加密的安全连接，该连接提供完整性、保密性和压缩选项服务。SSH 用户认证协议利用传输层的服务来建立连接，使用传统的口令认证、公钥认证、主机认证等多种机制认证用户。SSH 连接协议在前面两个协议的基础上，利用已建立的认证连接，将其分解为多种不同的并发逻辑通道，支持注册会话隧道和 TCP 转发，而且能为这些通道提供流控服务以及通道参数协商机制。

（16）**参考答案**：D

试题解析 PGP 是一种加密软件，应用了多种密码技术，其中密钥管理算法采用 RSA，数据加密算法采用 IDEA，完整性检测采用 MD5，数字签名采用 RSA。

（17）**参考答案**：A

试题解析 在 PDRR 信息模型 4 个重要环节中，保护（Protection）的内容主要有加密机制、数据签名机制、访问控制机制、认证机制、信息隐藏以及防火墙技术等。检测（Detection）的内容主要有入侵检测、系统脆弱性检测、数据完整性检测和攻击性检测等。恢复（Recovery）的内容主要有数据备份、数据修复和系统恢复等。响应（Response）的内容主要有应急策略、应急机制、应急手段、入侵过程分析及安全状态评估等。

（18）**参考答案**：C

试题解析 BLP（Bell-LaPadula）机密性模型包含简单安全特性规则和*特性规则。简单安全特性规则指主体只能向下读不能上读。*特性规则指主体只能向上写，不能向下写。

（19）**参考答案**：B

试题解析 依据《信息安全技术 网络安全等级保护测评要求》的规定，定级对象的安全保护等级分为 5 个等级，即第一级（用户自主保护级）、第二级（系统保护审计级）、第三级（安全标记保护级）、第四级（结构化保护级）以及第五级（访问验证保护级）。

（20）**参考答案**：B

试题解析 保护（Protection）是指制定和实施合适的安全措施，确保能够提供关键基础设施服务，保护的类型包括：访问控制、意识和培训、数据安全、信息保护流程和规程等。

（21）**参考答案**：C

试题解析 物理安全威胁一般分为自然安全威胁和人为安全威胁。自然安全威胁包括地震、洪水、火灾、鼠害、雷电等；人为安全威胁包括盗窃、爆炸、毁坏、硬件攻击等。

（22）**参考答案**：D

试题解析 R1 级 IDC 机房的机房基础设施和网络系统的主要部分应具备一定的冗余能力，可用性不应小于 99.5%；R2 级 IDC 机房的机房基础设施和网络系统应具备冗余能力，可用性不应小于 99.9%；R3 级 IDC 机房的机房基础设施和网络系统应具备容错能力，可用性不应小于 99.99%。

（23）**参考答案**：A

试题解析 基于生物特征认证就是利用人类生物特征来进行验证，可使用指纹、人脸、视网膜、语音、DNA 等生物特征信息来进行身份认证。

（24）**参考答案**：D

试题解析 Kerberos 系统包含 4 个基本实体：

1）Kerberos 客户机，用户可用客户机来访问服务器设备。

2）AS（认证服务器），识别用户身份并提供 TGS 会话密钥。

3）TGS（票据发放服务器），为申请服务的用户授予票据，AS 和 TGS 统称为 KDC（Key Distribute Center）。

4）应用服务器，为用户提供服务的设备或系统。票据是用于安全的传递用户身份所需要的信息的集合，主要包括客户方 Principal、目的服务方 Principal、客户方 IP 地址、时间戳、Ticket 的生存期以及会话密钥等内容。

（25）**参考答案**：B

试题解析 同（24）题解析。

（26）**参考答案**：D

试题解析 访问控制机制由一组安全机制构成，可以抽象为一个简单模型，组成要素包括：①主体（对客体操作的实施者）；②客体（主体操作的对象）；③参考监视器（访问控制的决策单元和执行单元的集合体）；④访问控制数据库（记录主体访问客体的权限及其访问方式的信息，提供访问控制决策判断的依据，也称为访问控制策略库）；⑤审计库（存储主体访问客体的操作信息）。

（27）**参考答案**：B

试题解析 强制访问控制是指系统根据主体和客体的安全属性，以强制方式控制主体对客体的访问。与自主访问控制相比较，强制访问控制更加严格。用户使用自主访问控制虽然能够防止其他用户非法入侵自己的网络资源，但对于用户的意外事件或误操作则无效。因此，自主访问控制不能适应高安全等级需求。在政府部门、军事和金融等领域，常利用强制访问控制机制将系统中的资源划分安全等级和不同类别，然后进行安全管理。

（28）**参考答案**：C

试题解析 基于异常事件的访问控制规则利用异常事件来触发控制操作，避免危害系统的行为进一步升级。例如，当系统中的用户登录出现 3 次失败后，系统就会在一段时间内冻结账户。

（29）**参考答案**：A

试题解析 特权是用户超越系统访问控制所拥有的权限。特权的管理应按最小化机制，防止特权误用。最小特权原则指系统中每一个主体只能拥有完成任务所必要的权限集。

（30）**参考答案**：B

试题解析 防火墙的白名单是指在防火墙中设置的允许访问的用户名单，一旦用户被纳入白名单，则来自该用户的数据包都不会被扫描，这会带来一些潜在的风险。

（31）**参考答案**：D

试题解析 Cisco IOS 的标准 IP 访问表和扩展 IP 访问表中各字段的含义：标准 IP 访问控制规则的 list-number 规定为 1～99，扩展 IP 访问控制规则的 list-number 规定为 100～199；deny 表示若经过过滤器的包条件不匹配，则禁止该包通过；permit 表示若经过过滤器的包条件匹配，则允许该包通过；source 表示源 IP 地址；source-wildcard 表示发送数据包的主机 IP 地址的通配符掩码，其中 1 代表“忽略”，0 代表“需要匹配”，any 代表任何来源的 IP 包；destination 表示目的 IP 地址；destination-wildcard 表示接收数据包的主机 IP 地址的通配符掩码；protocol 表示协议选项；log 表示记录符合规则条件的网络包。

（32）**参考答案**：C

试题解析　实现网络地址转换的方式主要有静态 NAT、NAT 池和端口 NAT（PAT）3 种类型。其中静态 NAT 设置起来最为简单，内部网络中的每个主机都被永久映射成外部网络中的某个合法的地址。而 NAT 池则是在外部网络中配置合法地址集，采用动态分配的方法映射到内部网络。PAT 是把内部地址映射到外部网络的一个 IP 地址的不同端口上。

（33）参考答案：D

试题解析　将入侵检测系统置于防火墙内部，使得很多对网络的攻击首先会被防火墙过滤，从而也就减少了对内部入侵检测系统的干扰，提高入侵检测系统的准确率，降低入侵检测系统的误报率。

（34）参考答案：A

试题解析　VPN 主要的安全服务有以下 3 种：①保密性服务（防止传输的信息被监听）；②完整性服务（防止传输的信息被修改）；③认证服务（提供用户和设备的访问认证，防止非法接入）。显然，合规性服务不属于 VPN 安全服务。

（35）参考答案：B

试题解析　VPN 技术，按照 VPN 在 TCP/IP 协议层的实现方式分类，可以将其分为链路层 VPN、网络层 VPN 和传输层 VPN。链路层 VPN 的实现方式有 ATM、Frame Relay、多协议标签交换 MPLS；网络层 VPN 的实现方式有受控路由过滤和隧道技术；传输层 VPN 则通过 SSL 来实现。

（36）参考答案：B

试题解析　AH（Authentication Header）是验证头部协议，ESP（Encapsulating Security Payload）是封装安全载荷协议，从这两个协议的名称也可以看出，AH 主要用于验证 IP 头部，ESP 主要用于加密。

（37）参考答案：C

试题解析　SSL（Secure Sockets Layer）包含握手协议、密码规格变更协议、报警协议和记录协议。其中，握手协议用于身份鉴别和安全参数协商；密码规格变更协议用于通知安全参数的变更；报警协议用于关闭通知和对错误进行报警；记录协议用于传输数据的分段、压缩及解压缩、加密及解密、完整性校验等。

（38）参考答案：A

试题解析　IPSec VPN 的主要功能包括：随机数生成、密钥协商、安全报文封装、NAT 穿越及身份鉴别等。

（39）参考答案：B

试题解析　事件产生器的功能是从整个计算环境中获得事件，并向系统的其他部分提供事件；事件分析器的功能是分析所得到的数据，并产生分析结果；响应单元对分析结果做出反应，如切断网络连接、改变文件属性、简单报警等应急响应；事件数据库的功能是存放各种中间数据和最终数据，数据存放的形式既可以是复杂的数据库，也可以是简单的文本文件。

（40）参考答案：D

试题解析　基于规则的误用检测方法是将攻击行为或入侵模式表示成一种规则，只要符合规则就认定它是一种入侵行为。这种方法的优点是检测起来比较简单，缺点是由于受规则库限制而无法发现新的攻击，并且容易受干扰。目前大部分 IDS 采用的都是这种方法。Snort 是典型的基于规则的误用检测方法的应用实例。

（41）**参考答案**：A

试题解析 入侵检测系统的分类及典型产品如下表所示。

分类	软件产品
基于主机的入侵检测系统（HIDS）	SWATCH、Tripwire、网页防篡改系统
基于网络的入侵检测系统（NIDS）	商用产品：Session Wall、ISS RealSecure、Cisco Secure IDS； 开源产品：Snort

（42）**参考答案**：C

试题解析 Web IDS 利用 Web 网络通信流量或 Web 访问日志等信息检测常见的 Web 攻击，如 Webshell、SQL 注入、远程文件包含、跨站点脚本等攻击行为。数据库 IDS 利用数据库网络通信流量或数据库访问日志等信息对常见的数据库攻击行为进行检测，如数据库系统口令攻击、SQL 注入攻击、数据库漏洞利用攻击等。工控 IDS 则是通过获取工控设备、工控协议相关信息根据检测规则、异常报文特征和工控协议安全策略，检测工控系统的攻击行为。

（43）**参考答案**：D

试题解析 Snort 规则由规则头和规则选项两部分组成。规则头包含规则操作（action）、协议（protocol）、源地址和目的 IP 地址及网络掩码、源和目的端口号信息。规则选项包含报警消息、被检查网络包的部分信息及规则应采取的动作。Snort 规则格式如下所示：alert tcp any any->192.168.1.0/24 111（content："|00 01 86 a5|"msg："mountd acess"；）。其中，规则头和规则选项通过()来区分，()中的内容为规则选项部分。

（44）**参考答案**：A

试题解析 网闸在两个不同安全域之间通过协议转换的手段，以信息摆渡的方式实现数据交换。网闸的一个最主要特征就是内网与外网永远不连接，内网和外网在同一时间最多只有一个与网闸建立连接。比如 A 主机通过网闸与 B 主机物理隔离，如果 A 想向 B 传送数据，则 A 先与网闸建立连接，把数据传至网闸的数据暂存区后断开与网闸的连接，然后网闸与 B 建立连接，B 从数据暂存区读区数据。可见，主机对网闸的操作需要有写操作和读操作。

（45）**参考答案**：D

试题解析 双硬盘技术是指在一台计算机上安装两个硬盘，通过硬盘控制卡对硬盘进行切换控制，连接不同网络时挂接不同的硬盘。信息摆渡是指网闸中的数据暂存区，在任何时刻数据暂存区最多只与一端安全域相连（参考 44 题解析）。单向传输是指传输部件由一对独立的部件构成（一个只负责发送，一个只负责接收），发送部件仅具有单一的发送功能，接收部件仅具有单一的接收功能，两者构成可信的单向信道，该信道无任何反馈信息。

（46）**参考答案**：A

试题解析 系统审计保护级之上（包含系统审计保护级、安全标记保护级、结构化保护级和访问验证保护级）的等级，均要求对“删除客体”进行审计工作。用户自主保护级则不作要求。

（47）**参考答案**：C

试题解析 Windows 日志有 3 种类型：系统日志、应用程序日志和安全日志，对应的文件名为 Sysevent.evt、Appevent.evt 和 Secevent.evt。安全日志记录与安全相关的事件，只有系统管理员才可以访问。

（48）**参考答案**：D

试题解析 网络审计数据涉及系统整体的安全性和用户隐私，为保护审计数据的安全，通常的安全技术措施包括：系统用户分权管理、审计数据强制访问、审计数据加密、审计数据隐私保护、审计数据安全性保护等。保护审计数据安全的措施不包括审计数据压缩。

（49）**参考答案**：D

试题解析 网络入侵检测是对网络设备、安全设备、应用系统的日志信息进行实时收集和分析，可检测发现黑客入侵、扫描渗透、暴力破解、网络蠕虫、非法访问、非法外联和 DDoS 攻击。系统漏洞可通过漏洞扫描设备扫描发现，但不能通过网络入侵检测发现。

（50）**参考答案**：B

试题解析 冲击波蠕虫利用的是微软操作系统中的 DCOM PRC 缓冲区举出漏洞。

（51）**参考答案**：A

试题解析 非技术性安全漏洞是指源自于制度、管理流程、人员、组织结构等的漏洞，如网络安全责任主体不明确、网络安全策略不完备、网络安全操作技能不足、网络安全监督缺失、网络安全特权控制不完备。技术性安全漏洞是指源自于设计错误、输入验证错误、缓冲区溢出、意外情况处置错误、访问验证错误、配置错误、竞争条件、环境错误等的漏洞。

（52）**参考答案**：B

试题解析 Wireshark 是常用的网络数据包分析工具。

（53）**参考答案**：C

试题解析 网络蠕虫是一种具有自我复制和传播能力、可独立自动运行的恶意程序，属于主动传播的恶意代码。属于被动传播的恶意代码有计算机病毒、特洛伊木马、逻辑炸弹、恶意脚本、恶意 ActiveX 控件等。

（54）**参考答案**：A

试题解析 HTML 文件是文本格式，无法嵌入二进制代码，所以无法被文件型病毒感染。

（55）**参考答案**：D

试题解析 常见网络蠕虫支持的传播策略如下表所示。

蠕虫实例	支持的传播策略		
	随机扫描	顺序扫描	选择性扫描
Slammer	有	无	无
Blaster	有	有	无
Lion Worm	有	无	无
震荡波	有	无	有

（56）**参考答案**：D

试题解析 特洛伊木马是指攻击者利用入侵手段，将恶意代码植入目标计算机。

（57）**参考答案**：B

试题解析 ICMP 风暴和 Smurf 攻击都是基于网络层 ICMP 协议的攻击；UDP 风暴是基于传输层 UDP 的攻击；SYN Flood 攻击是通过创建大量“半连接”来攻击，TCP 连接的三次握手中，服务器在发出 SYN+ACK 应答报文后无法收到客户端的 ACK 报文（第三次握手无法完成），服务器将等待 1 分钟左右才丢弃未完成连接，如果出现大量这样的半连接将消耗大量的资源。

（58）**参考答案**：A

试题解析 隐私保护的常见技术有抑制、泛化、置换、扰动、裁剪等。抑制通过数据置空的方式限制数据发布；泛化通过降低数据精度实现数据匿名，本题描述的隐私保护处理方法是泛化。置换不对数据内容进行更改，只改变数据的属主；扰动指在数据发布时添加一定的噪声，包括数据增删、变换等；裁剪是指将数据分开发布。

（59）**参考答案**：B

试题解析 评估准备阶段是对评估实施有效性的保证，是评估工作的开始。风险要素识别阶段对评估活动中的各类关键要素如资产、威胁、脆弱性、安全措施等进行识别与赋值。风险分析阶段对识别阶段中获得的各类信息进行关联分析，并计算风险值。风险处置建议针对评估出的风险，提出相应的处置建议，以及按照处置建议实施安全加固后进行残余风险处置等。

（60）**参考答案**：C

试题解析 高科技性是指电子证据的产生、储存和传输，都必须借助于计算机技术、存储技术和网络技术等，离开了相应的技术设备，电子证据就无法保存和传输；无形性是指电子证据肉眼不能够直接可见，必须借助适当的工具；易破坏性是指电子证据很容易被篡改和删除。

（61）**参考答案**：D

试题解析 安全功能符合性检测的主要依据有：《信息安全技术 网络安全等级保护安全设计技术要求》（GB/T 25070—2019）、《信息安全技术 信息系统通用安全技术要求》（GB/T 20271—2006）、网络信息安全最佳实践、网络信息系统项目安全需求说明书等。

（62）**参考答案**：B

试题解析 准备阶段的主要工作流程及内容包括：项目经理组织人员依据客户提供的文档资料和调查数据，编写制定网络信息系统渗透测试方案；项目经理与客户沟通测试方案，确定渗透测试的具体日期、客户方配合的人员；项目经理协助被测单位填写“网络信息系统渗透测试用户授权单”，并通知客户做好测试前的准备工作；如果项目需在被测单位的办公局域网内进行，测试全过程需有客户方配合人员在场陪同。

（63）**参考答案**：A

试题解析 日志文件由时间标签、主机名、生成消息的子系统名称、消息 4 个域组成，这 4 个域的格式都是固定的。时间标签描述消息生成的日期和时间；主机名表示生成消息的计算机的名称；生成消息的子系统的名称可以是“Kernel”，表示消息来自内核，也可以是进程的名字，即进程的 PID；消息即消息的具体内容。

（64）**参考答案**：C

试题解析 配置账户策略包含密码复杂度要求、账户锁定阈值、账户锁定时间及账户锁定计数器等。

（65）**参考答案**：D

试题解析 旁路控制是指在数据库设置后门，绕过数据库系统的安全访问控制机制。隐蔽信道是利用系统中那些本来不是用于通信的系统资源绕过强制访问控制来进行非法通信的一种机制。伪装是指攻击者假冒用户身份获取数据库系统的访问权限。口令破解是指利用口令字典或者手动猜测数据库用户名和密码，以达到非授权访问数据库系统的目的。

（66）**参考答案**：B

试题解析 Oracle 内部密码保存在 strXXX.cmd 文件中，其中 XXX 是 Oracle 系统 ID 和 SID，默认是“ORCL”。这个密码用于启动数据库进程。Oracle 的监听进程密码保存在文件 listener.ora 中，用于启动和停止 Oracle 的监听进程。

（67）**参考答案**：D

试题解析 数据库系统的各种安全机制功能如下表所示。

安全机制名称	安全功能
标识与鉴别	用户属性定义、用户主体绑定、鉴别失败处理、鉴别的时机、多重鉴别机制设置等
访问控制	会话建立控制、系统权限设置、数据资源访问权限设置
安全审计	审计数据产生、用户身份关联、安全审计查阅、限制审计查阅、可选审计查阅、选择审计事件
备份与恢复	备份和恢复策略设置、备份数据的导入和导出
数据加密	加密算法参数设置、密钥生成和管理、数据库加密和解密操作
资源限制	持久存储空间分配最高配额、临时存储空间分配最高配额、特定事务持续使用时间或未使用时间限制
安全加固	漏洞修补、弱口令限制
安全管理	安全角色配置、安全功能管理

（68）**参考答案**：B

试题解析 第二代交换机又称为以太网交换机，工作于 OSI 的数据链路层，又称为二层交换机，二层交换机识别数据中的 MAC，并根据 MAC 地址选择转发。第一代交换机以集线器为代表，工作在 OSI 的物理层；第三代交换机通俗地称为三层交换机，工作在 OSI 的网络层；第四代交换机在第三代交换机的基础上增加了业务功能，比如防火墙、负载均衡、IPS 等；第五代交换机通常支持软件定义网络 SDN，具有强大的 QoS 能力。

（69）**参考答案**：A

试题解析 为避免攻击者利用 Read-only SNMP 或 Read/Write SNMP 对网络设备进行有害操作，网络设备提供了 SNMP 访问安全控制措施，包括 SNMP 访问认证、限制 SNMP 访问的 IP 地址、关闭 SNMP 访问。

（70）**参考答案**：C

试题解析 “允许远程攻击者不需要认证就执行命令”表明，这属于“代码执行”漏洞。

（71）～（75）**参考答案**：D C B A B

试题翻译 也许私钥加密和公钥加密之间最明显的区别在于，私钥加密假设密钥是完全保密的，而公钥加密只要求对私钥保密。虽然这看起来区别不大，但结果却大不相同：在私钥设置中，通信方必须能以某种方式共享密钥而不允许任何第三方知道，而在公钥设置中，公钥可以由公共渠道从一方发送到另一方而不涉及安全问题。对于那些在房间里大喊大叫，或者更实际一些，对于那些通过电话线或互联网等公共网络进行通信的通信方来说，公钥加密是唯一的选择。

另一个重要的区别是，私钥加密体制使用相同的密钥进行加密和解密，而公钥加密体制的加密和解密操作使用不同的密钥。也就是说，公钥加密本质上是不对称的。在公钥设置中，这种不对称性意味着发送方和接收方的角色不能像在私钥设置中那样可以互换；一个密钥对只允许在一个方向上的通信（双向通信可以通过多种方式实现；关键在于，公钥加密体制的一次调用可以强制区分作为接收者的用户和充当发送者的其他用户）。此外，公钥加密体制的单个实例可使多个发送者能与单个接收者进行私有通信，而在私钥加密体制的情况下，只能在共享密钥的双方之间进行私有通信。

信息安全工程师机考试卷　第1套
应用技术卷参考答案/试题解析

试题一

【问题1】

参考答案　密码体制由以下5个部分构成：①明文空间M：全体明文的集合；②密文空间C：全体密文的集合；③加密算法E：一组明文M到密文C的加密变换；④解密算法D：一组密文C到明文M的加密变换；⑤密钥空间K：包含加密密钥K_e和解密密钥K_d的全体密钥集合。

试题解析　本题考查密码体制的构成。

【问题2】

参考答案　（1）基于因子分解　（2）基于离散对数　（3）基于椭圆曲线离散对数

试题解析　本题考查密码体制的分类。

【问题3】

参考答案　（4）分组密码　（5）序列密码

试题解析　本题考查密码体制的分类。

【问题4】

参考答案　该加密过程属于CBC的密文链接方式。

在CBC的密文链接方式下，加密会引发错误传播无界，解密会引发错误传播有界。CBC不利于并行计算。

试题解析　密码分组链接模式（CBC）可以分为密文链接方式和明密文链接方式。

（1）CBC的密文链接方式。密文链接方式中，输入是当前明文组与前一密文组的异或。

在CBC的密文链接方式下：加密会引发错误传播无界，解密会引发错误传播有界。CBC不利于并行计算。

（2）CBC的明密文链接方式。明密文链接方式中，输入是前一组密文和前一组明文异或之后，再与当前明文组异或。

在CBC的明密文链接方式下：加密和解密均会引发错误传播无界。

试题二

【问题1】

参考答案　普通用户。

试题解析　Linux Ubuntu系统中打开一个终端窗口时，首先看到的是Shell的提示符。Ubuntu

系统的标准提示符包括用户登录名、登入的机器名、当前所在的工作目录和提示符号。超级用户提示符号为#，用户名为root；普通用户提示符号为$，用户名由用户设置。

图中的hujianwei是用户名，显然是普通用户。

【问题2】

参考答案 （1）crond.pid，abc （2）openvpn （3）shm->/dev/shm

试题解析 Linux Ubuntu系统下文件的权限位共有10个，分为4组。第一组占1位，用于表示文件类型；第二组占3位（第2～4位），用于表示文件拥有者对该文件所拥有的权限；第三组占3位（第5～7位），表示文件所有者所属的组对该文件所拥有的权限；第四组占3位（第8～10位），表示其他人（除了拥有者和所属组之外的人）对该文件所拥有的权限。

其中第1位的文件类型分为普通文件、目录文件、特殊文件、管道文件、套接字文件以及符号链接文件。文件类型对应的设置符号如下表所示。

文件类型		设置符号
普通文件		-
目录文件		d
特殊文件	字符文件	c
	块文件	b
管道文件		p
套接字（socket）文件		s
符号链接文件		l

ls -l命令列出的5个文件中，第1个文件的权限位第1位是“d”，表示这个文件是一个目录文件；第2个文件的权限位第1位是“l”，表示这个文件是一个符号链接文件；第3个文件的权限位第1位是“s”，表示这个文件是一个套接字文件；第4、5个文件的权限位第1位是“-”，表示这两个文件是普通文件。

【问题3】

参考答案 ln -s /dev/shm shm

试题解析 在Linux Ubuntu系统下创建符号链接的命令是ln（Windows系统下的类似命令是mklink）。

ln命令的基本格式为：ln [选项] 源文件 目标文件。其中：

选项-s表示创建软链接，在图中，文件名“shm->/dev/shm”中符号“->”前面的shm是目标文件，符号“->”后面的/dev/shm是源文件，所以创建图中的符号链接的命令为：

hujianwei@local:~/var/run$ ln -s /dev/shm shm

【问题4】

参考答案 （1）find /home -xtype l -print （2）find /home -xtype l -exec rm {} \

试题解析 （1）当源文件（或目录）被移动或者被删除时，指向它的符号链接就会失效。过多的失效链接会影响系统的管理及性能，可以使用find命令按文件类型对失效链接进行搜索。find

命令的格式为：find path -option [-print] [-exec -ok command] {} \

根据题意，参数 path（即路径）应该为/home；option（选项）用于指定文件类型，可设置的文件类型有很多，其中使用-xtype l 或-type l 可指定类型为失效链接文件；使用-print 可将文件或目录名称显示到标准输出设备。

（2）用 find 命令时，还可以同时使用 exec 选项后面跟随着所要执行的命令或脚本，其中删除命令是“rm {} \”，如果有多个命令，以分号进行分割。所以可以在第（1）问的基础上加上“-exec rm {} \”来完成删除失效链接的操作。

即最终使用的命令为：find /home -xtype l -exec rm {} \

【问题 5】

参考答案 （1）755 （2）755 （3）可读、不可写、可执行

（4）chmod a-x openvpn 或者 chmod ugo-x openvpn 或者 chmod 644 openvpn

（5）执行（4）的命令后，第一个文件的所有者 root 权限为可读、可写、不可执行，不可执行代表不能进入该文件。

试题解析 （1）第一个文件的权限是 drwxr-xr-x，因此第 2～4 位对应 111，即十进制数 7；第 5～7 位对应的是 101，即十进制数 5；第 8～10 位对应的是 101，即十进制数 5；所以第一个文件的数字权限表示为 755。

（2）同理，最后一个文件的权限是-rwxr-xr-x，第 2～4 位对应 111，即十进制数 7；第 5～7 位对应的是 101，即十进制数 5；第 8～10 位对应 101，即十进制数 5；所以最后一个文件的数字权限也表示为 755。

（3）普通用户有效权限对应的是第 8～10 位代表的权限，r-x 表示有效权限是可读、不可写、可执行。

（4）修改权限的命令是 chmod，可以使用权限设定字符来设定，也可以使用数字权限来设定。命令格式为：chmod [who] [+/-/=] [mode] 文件名

chmod a-x openvpn 或者 chmod 644 openvpn。其中，a 表示所有用户，-表示去掉对应权限（即 x 权限）。

（5）执行（4）的命令后，第一个文件的权限由 drwxr-xr-x 变成了 drw-r--r--，该文件的所有者 root 对应的权限是 rw-，即可读、可写、不可执行。文件夹的读权限代表能否查看文件夹中的东西；文件夹的写权限代表能否在文件夹中添加新东西；文件夹的执行权限代表能否进入文件夹。第一个文件是文件夹，如果不可执行，那么就无法通过 cd 命令进入到该文件夹。

试题三

【问题 1】

参考答案 安全日志

试题解析 Windows 系统日志、应用程序日志和安全日志对应的文件名分别为 Sysevent.evt、Appevent.evt 和 Secevent.evt。这些日志文件通常存放在操作系统安装的区域“system32\config”目录下。系统日志包含由 Windows 系统组件记录的事件，记录了系统进程和设备驱动程序的活动；应用程序日志包含计算机系统中的用户程序和商业程序在运行时出现的错误活动；安全日志记录与

安全相关的事件，包括成功和不成功的登录或退出、系统资源使用事件（系统文件的创建、删除、更改）等。根据图 3-1 中的事件来源“Microsoft Windows security auditing”，即 Windows 安全审计，可知该日志最有可能来自安全日志。

【问题 2】

参考答案　D

试题解析　参见【问题 1】的解析。

【问题 3】

参考答案　eventvwr

试题解析　通过命令行窗口快速访问事件查看器，可以使用命令“eventvwr”，也可以在开始菜单的运行框中输入“eventvwr.msc”。

【问题 4】

参考答案　B

试题解析　图中的任务类别为 Logon，说明该事件是登录事件。事件 ID 若为 4624 则表示登录成功，若为 4625 则表示登录失败，所以可以排除 A、C。另外，事件日志详细信息中还会列出登录类型，题干中并没有列出说明，通过图 3-2 中的 3389 端口（远程桌面端口），以及图 3-1 的登录失败的事件频率，可以基本判定是通过远程桌面进行的暴力密码攻击，这属于网络登录。

【问题 5】

参考答案　3389

试题解析　根据如图 3-2 所示的网络分组，发现是 IP 地址 192.168.69.69 的主机与 IP 地址 192.168.1.100 的主机之间的通信，由 192.168.69.69 向 192.168.1.100 发起了针对目标端口为 3389 的 TCP 链接，该端口对应的是远程桌面 RDP 服务，根据图 3-1 的登录失败的事件频率，可以基本判定是通过远程桌面进行的暴力密码攻击。

【问题 6】

参考答案　ip.addr == 192.168.69.69 and ip.addr == 192.168.1.100

试题解析　图 3-2 中流量分组都是 IP 地址为 192.168.69.69 的主机与 IP 地址为 192.168.1.100 的主机之间的通信，所以可以设定两个 IP 地址的过滤表。即 ip.addr == 192.168.69.69 and ip.addr == 192.168.1.100 。

【问题 7】

参考答案　服务器数字证书在序号为 12162 的数据包中传递；通信双方从序号为 12168 的数据包开始传递加密数据。

试题解析　SSL/TSL 的四次握手如下：①客户端发送序号 12161 的数据包发起 Client Hello 请求；②服务器回应序号 12162 的数据包 Server Hello，其中包含协商版本信息、加密方法以及数字证书；③客户端发送序号 12164 的数据包回应，其中包含使用服务器端公钥加密的随机字符串（即 Pre Master Secret）并通知服务器端后面的数据段会加密传输；④服务器发送序号 12165 的数据包完成握手，其中包含 finished 消失并告诉客户端后面的数据段会加密传输。

所以服务器传输数字证书在第二次握手阶段，数据包序号 12162；四次握手完成后开始传递加密数据，对应序号是 12168。

【问题8】

参考答案 网络攻击事件。

试题解析 （1）有害程序事件是指插入信息系统的一段程序会对信息系统的完整性、保密性和可用性产生危害，甚至会影响系统的正常运转。计算机病毒、蠕虫事件、混合攻击程序事件等都是有害程序，这类事件具有故意编写、传播有害程序的特点。

（2）网络攻击事件是指通过网络技术、利用系统漏洞和协议对信息系统实施攻击，对信息系统造成危害或造成系统异常的安全事件，如DDoS攻击、后门攻击、漏洞攻击等。

（3）信息破坏事件是指通过网络等其他手段，对系统中的信息进行篡改、窃取、泄露等的安全事件。

（4）信息内容安全事件是指利用网络信息发布及传播危害国家安全、社会安全和公共利益的安全事件。

（5）设备设施故障是指因信息系统本身的故障或人为破坏信息系统设备而导致的网络安全事件。

（6）灾害性事件是指外界环境对系统造成物理破坏而导致的网络安全事件。

题干表述的攻击是通过网络技术对信息系统造成异常的安全事件，属于网络攻击事件。

【问题9】

参考答案 保密性。

试题解析 由于攻击基本被判定为利用3389端口进行的暴力密码攻击，因此针对的是保密性。

试题四

【问题1】

参考答案 《中华人民共和国网络安全法》《中华人民共和国数据安全法》《中华人民共和国个人信息保护法》

试题解析 2022年7月21日，央视新闻的公告原文如下：根据网络安全审查结论及发现的问题和线索，国家互联网信息办公室依法对××公司涉嫌违法行为进行立案调查。经查实，××公司违反《中华人民共和国网络安全法》《中华人民共和国数据安全法》《中华人民共和国个人信息保护法》的违法违规行为事实清楚、证据确凿、情节严重、性质恶劣。7月21日，国家互联网信息办公室依据《中华人民共和国网络安全法》《中华人民共和国数据安全法》《中华人民共和国个人信息保护法》《中华人民共和国行政处罚法》等法律法规，对××公司处人民币80.26亿元罚款，对××公司董事长兼CEO××、总裁××各处人民币100万元罚款。

【问题2】

参考答案 三级

试题解析 一般企业按数据敏感程度把数据分为四级，具体如下表所示。

数据分级表

级别	敏感程度	判断标准
一级	公开数据	可以免费获得和访问，没有任何限制或不利后果，如营销材料、联系信息、客户服务合同和价目表

续表

级别	敏感程度	判断标准
二级	内部数据	安全要求较低但不打算公开的数据，如客户数据、销售手册和组织结构图
三级	秘密数据	敏感数据，如果泄露可能会对运营产生负面影响，包括损害公司、客户、合作伙伴或员工的利益。例如，供应商信息、客户信息、合同信息、员工信息和薪水信息等
四级	机密数据	高度敏感的公司数据，如果泄露可能会使组织面临财务、法律、监管和声誉风险。例如，客户身份信息、个人身份和信用卡信息

【问题 3】

参考答案　属性隐私。

试题解析　隐私保护的类型可以分为身份隐私、属性隐私、社交关系隐私、位置和轨迹隐私。

身份隐私是指可以识别特定用户的真实身份信息的数据。属性隐私是指用于描述个人用户的属性特征如用户年龄、用户性别、用户工资、用户购物历史等的数据。社交关系隐私是指用户不愿意公开的社交关系数据。位置和轨迹隐私是指用户为防止个人敏感信息暴露而非自愿公开的位置轨迹数据。目前，位置和轨迹信息的来源主要有城市交通系统、GPS 导航、行程规划系统、无线接入点和打车软件。

【问题 4】

参考答案　泛化

试题解析　隐私保护常见的技术措施有抑制、泛化、置换、扰动和裁剪等。抑制是指通过数据置空的方式限制数据发布。泛化是指通过降低数据精度实现数据匿名。置换不对数据内容进行更改，只改变数据的属主。扰动是指在数据发布时添加一定的噪声，包括数据增删、变换等。裁剪是指将数据分开发布。

若某员工的月薪为 8750 元，经过脱敏处理后，显示为 5k～10k，这种处理方式显然是通过降低数据精度实现数据匿名，属于泛化。

【问题 5】

参考答案　（1）2147　（2）0x61646D696E

（3）不行，因为明文长度不能超过模数 n。

（4）加密公式：C=M^e mod n；解密公式：M=C^d mod n。（M 表示明文，C 表示密文）

试题解析　（1）RSA 的密钥生成过程如下：

两个大质数 p=47，q=71，p 不等于 q；

模数 n=p×q=47×71=3337；(p−1)(q−1)=3220；

公钥加密指数 e=3，e 满足 1<e<(p−1)(q−1)，且 e 和(p−1)(q−1)互为质数。

计算公钥 d，使得 e×d=1 mod (p−1)(q−1)。

3×d=1 (mod 3220)

通过扩展欧几里得算法，计算得到 d=2147；

（2）字母对应的 ASCII 码：a 对应 97，十六进制数为 61；d 对应 100，十六进制数为 64；m 对应 109，十六进制数为 6D；i 对应 105，十六进制数为 69；n 对应 110，十六进制数为 6E；所以用户名 admin 的十六进制表示为 0x61646D696E。

（3）明文的值为 0x61646D696E，显然，这个明文对应的数值大于模数 n=3337，如果使用 RSA 对该明文加密，加密后得到的密文的数值必定小于 n，造成解密数据不正确。即解密后，得到的不是原来的明文。所以不能直接用公钥对用户名的十六进制整数进行加密。

（4）假设公钥=（e,n），私钥=（d,n）。

加密公式：C=M^e mod n；解密公式：M=C^d mod n。（M 表示明文，C 表示密文）

信息安全工程师机考试卷　第2套
基础知识卷

- 网络信息不泄露给非授权的用户、实体或程序，能够防止非授权者获取信息的属性是指网络信息安全的__（1）__。

（1）A．完整性　　B．机密性　　C．抗抵赖性　　D．隐私性

- 网络信息系统的整个生命周期包括网络信息系统规划、网络信息系统设计、网络信息系统集成与实现、网络信息系统运行和维护、网络信息系统废弃5个阶段。网络信息安全管理重在过程，其中网络信息安全风险评估属于__（2）__阶段。

（2）A．网络信息系统规划　　B．网络信息系统设计
　　C．网络信息系统集成与实现　　D．网络信息系统运行和维护

- SM3是国家密码管理局于2010年公布的商用密码杂凑算法标准。该算法输出杂凑值长度为__（3）__比特。

（3）A．512　　B．256　　C．64　　D．56

- 域名服务是网络服务的基础，该服务主要是指从事域名根服务器运行和管理、顶级域名运行和管理、域名注册、域名解析等活动。《互联网域名管理办法》规定，域名系统出现网络与信息安全事件时，应当在__（4）__内向电信管理机构报告。

（4）A．6小时　　B．12小时　　C．24小时　　D．3天

- 《中华人民共和国密码法》对全面提升密码工作法治化水平起到了关键性作用，其规定国家对密码实行分类管理。依据《中华人民共和国密码法》的规定，以下密码分类正确的是__（5）__。

（5）A．核心密码、普通密码和商用密码　　B．对称密码和非对称密码
　　C．分组密码、序列密码和公钥密码　　D．散列函数、对称密码和公钥密码

- 攻击树方法起源于故障树分析方法，可以用来进行渗透测试，也可以用来研究防御机制。以下关于攻击树方法的表述，错误的是__（6）__。

（6）A．能够采取专家头脑风暴法，并且将这些意见融合到攻击树中去
　　B．能够进行费效分析或者概率分析
　　C．不能用来建模多重尝试攻击、时间依赖及访问控制等场景
　　D．能够用来建模循环事件

- 一般攻击者在攻击成功后退出系统之前，会在系统制造一些后门，方便自己下次入侵。以下设计后门的方法，错误的是__（7）__。

（7）A．放宽文件许可权　　B．安装嗅探器

C．修改管理员口令　　D．建立隐蔽信道

- 从对信息的破坏性上看，网络攻击可以分为被动攻击和主动攻击，以下属于被动攻击的是＿（8）＿。

（8）A．拒绝服务　　B．窃听　　C．伪造　　D．中间人攻击

- 端口扫描的目的是找出目标系统上提供的服务列表。根据扫描利用的技术不同，端口扫描可以分为完全连接扫描、半连接扫描、SYN 扫描、FIN 扫描、隐蔽扫描、ACK 扫描、NULL 扫描等类型。其中，在源主机和目的主机的三次握手连接过程中，只完成前两次，不建立一次完整连接的扫描属于＿（9）＿。

（9）A．FIN 扫描　　B．半连接扫描　　C．SYN 扫描　　D．完全连接扫描

- 通过假冒可信方提供网上服务，以欺骗手段获取敏感个人信息的攻击方式，被称为＿（10）＿。

（10）A．网络钓鱼　　B．拒绝服务　　C．网络窃听　　D．会话劫持

- SYN 扫描首先向目标主机发送连接请求，当目标主机返回响应后，立即切断连接过程，并查看响应情况。如果目标主机返回＿（11）＿，表示目标主机的该端口开放。

（11）A．SYN/ACK　　B．RESET 信息　　C．RST/ACK　　D．ID 头信息

- 拒绝服务攻击是指攻击者利用系统的缺陷，执行一些恶意的操作，使得合法的系统用户不能及时得到应得的服务或系统资源。以下给出的攻击方式中，不属于拒绝服务攻击的是＿（12）＿。

（12）A．SYN Flood　　B．DNS 放大攻击　　C．SQL 注入　　D．泪滴攻击

- 网络攻击者经常采用的工具主要包括：扫描器、远程监控、密码破解、网络嗅探器、安全渗透工具箱等。以下属于网络嗅探器工具的是＿（13）＿。

（13）A．SuperScan　　B．LophtCrack　　C．Metasploit　　D．Wireshark

- 为保护移动应用 App 的安全性，通常采用防反编译、防调试、防篡改和防窃取等多种安全保护措施，在移动应用 App 程序插入无关代码属于＿（14）＿技术。

（14）A．防反编译　　B．防调试　　C．防篡改　　D．防窃取

- 密码算法可以根据密钥属性的特点进行分类，其中发送方使用的加密密钥和接收方使用的解密密钥不相同，并且从其中一个密钥难以推导出另一个密钥，这样的加密算法称为＿（15）＿。

（15）A．非对称密码　　B．单密钥密码　　C．对称密码　　D．序列密码

- 已知 DES 算法 S 盒如下：

	0	1	2	3	4	5	6	7	8	9	10	11	12	13	14	15
0	7	13	14	3	0	6	9	10	1	2	8	5	11	12	4	15
1	13	8	11	5	6	15	0	3	4	7	2	12	1	10	14	9
2	10	6	9	0	12	11	7	13	15	1	3	14	5	2	8	4
3	3	15	0	6	10	1	13	8	9	4	5	11	12	7	2	14

如果该 S 盒的输入为 010001，其二进制输出为＿（16）＿。

（16）A．0110　　B．1001　　C．0100　　D．0101

- 国产密码算法是指由国家密码研究相关机构自主研发，具有相关知识产权的商用密码算法。以下国产密码算法中，属于分组密码算法的是＿（17）＿。

（17）A．SM2　　B．SM3　　C．SM4　　D．SM9

- Hash 算法是指产生哈希值或杂凑值的计算方法。MD5 算法是由 Rivest 设计的 Hash 算法，该算法以 512 比特数据块为单位处理输入，产生__（18）__的哈希值。

（18）A．64 比特　　B．128 比特　　C．256 比特　　D．512 比特

- 数字签名是对以数字形式存储的消息进行某种处理，产生一种类似传统手书签名功效的信息处理过程。数字签名最常见的实现方式是基于__（19）__。

（19）A．对称密码体制和哈希算法　　B．公钥密码体制和单向安全哈希算法
C．序列密码体制和哈希算法　　D．公钥密码体制和对称密码体制

- Diffie-Hellman 密钥交换协议是一种共享密钥的方案，该协议是基于求解__（20）__的困难性。

（20）A．大素数分解问题　　B．离散对数问题
C．椭圆离散对数问题　　D．背包问题

- 计算机网络为了实现资源共享，采用协议分层的设计思想，每层网络协议都有地址信息，如网卡(MAC)地址、IP 地址、端口地址和域名地址，以下有关上述地址转换的描述错误的是__（21）__。

（21）A．DHCP 协议可以完成 IP 地址和端口地址的转换
B．DNS 协议可实现域名地址和 IP 地址之间的转换
C．ARP 协议可以实现 MAC 地址和 IP 地址之间的转换
D．域名地址和端口地址无法转换

- BLP 机密性模型中，安全级的顺序一般规定为：公开＜秘密＜机密＜绝密。两个范畴集之间的关系是包含、被包含或无关。如果一个 BLP 机密性模型系统访问类下：
文件 E 访问类：{机密：财务处，科技处}；
文件 F 访问类：{机密：人事处，财务处}；
用户 A 访问类：{绝密：人事处}；
用户 B 访问类：{绝密：人事处，财务处，科技处}。
则以下表述中，正确的是__（22）__。

（22）A．用户 A 不能读文件 F　　B．用户 B 不能读文件 F
C．用户 A 能读文件 E　　D．用户 B 不能读文件 E

- Biba 模型主要用于防止非授权修改系统信息，以保护系统的信息完整性，该模型提出的“主体不能向上写”指的是__（23）__。

（23）A．简单安全特性　　B．保密特性　　C．调用特性　　D．*特性

- PDRR 模型由防护（Protection）、检测（Detection）、恢复（Recovery）、响应（Response）4 个重要环节组成。数据备份对应的环节是__（24）__。

（24）A．防护　　B．检测　　C．恢复　　D．响应

- 能力成熟度模型（CMM）是对一个组织机构的能力进行成熟度评估的模型，成熟度级别一般分为 5 级：1 级——非正式执行，2 级——计划跟踪，3 级——充分定义，4 级——量化控制，5 级——持续优化。在软件安全能力成熟度模型中，漏洞评估过程属于__（25）__。

（25）A．CMM1 级　　B．CMM2 级　　C．CMM3 级　　D．CMM4 级

- 等级保护制度是中国网络安全保障的特色和基石，等级保护 2.0 新标准强化了对可信计算技术

使用的要求。其中安全保护等级__（26）__要求对应用程序的所有执行环节进行动态可信验证。

（26）A．第一级　　B．第二级　　C．第三级　　D．第四级

- 按照《计算机场地通用规范》（GB/T 2887—2011）的规定，计算机机房分为4类：主要工作房间、第一类辅助房间、第二类辅助房间和第三类辅助房间。以下属于第一类辅助房间的是__（27）__。

（27）A．终端室　　B．监控室　　C．资料室　　D．储藏室

- 认证一般由标识和鉴别两部分组成。标识是用来代表实体对象的身份标志，确保实体的唯一性和可辨识性，同时与实体存在强关联。以下不适合作为实体对象身份标识的是__（28）__。

（28）A．常用IP地址　　B．网卡地址
C．通信运营商信息　　D．用户名和口令

- Kerberos是一个网络认证协议，其目标是使用密钥加密为客户端/服务器应用程序提供强身份认证。一个Kerberos系统涉及4个基本实体：Kerberos客户机、认证服务器AS、票据发放服务器（TGS）和应用服务器。其中，为用户提供服务的设备或系统被称为__（29）__。

（29）A．Kerberos客户机　　B．认证服务器（AS）
C．票据发放服务器（TGS）　　D．应用服务器

- 公钥基础设施（PKI）是有关创建、管理、存储、分发和撤销公钥证书所需要的硬件、软件、人员、策略和过程的安全服务设施。公钥基础设施中，实现证书废止和更新功能的是__（30）__。

（30）A．CA　　B．终端实体　　C．RA　　D．客户端

- 访问控制是对信息系统资源进行保护的重要措施，适当的访问控制能够阻止未经授权的用户有意或者无意地获取资源。如果按照访问控制的对象进行分类，对文件读写进行访问控制属于__（31）__。

（31）A．网络访问控制　　B．操作系统访问控制
C．数据库/数据访问控制　　D．应用系统访问控制

- 自主访问控制是指客体的所有者按照自己的安全策略授予系统中的其他用户对其的访问权。自主访问控制的实现方法包括基于行的自主访问控制和基于列的自主访问控制两大类。以下形式属于基于列的自主访问控制的是__（32）__。

（32）A．能力表　　B．前缀表　　C．保护位　　D．口令

- 访问控制规则实际上就是访问约束条件集，是访问控制策略的具体实现和表现形式。常见的访问控制规则有基于用户身份、基于时间、基于地址、基于服务数量等多种情况。其中，根据用户完成某项任务所需要的权限进行控制的访问控制规则属于__（33）__。

（33）A．基于角色的访问控制规则　　B．基于地址的访问控制规则
C．基于时间的访问控制规则　　D．基于异常事件的访问控制规则

- IIS是Microsoft公司提供的Web服务器软件，主要提供Web服务。IIS的访问控制包括：请求过滤、URL授权控制、IP地址限制、文件授权等安全措施，其中对文件夹的NTFS许可权限管理属于__（34）__。

（34）A．请求过滤　　B．URL授权控制　　C．IP地址限制　　D．文件授权

- 防火墙是由一些软件、硬件组成的网络访问控制器，它根据一定的安全规则来控制通过防火墙的网络数据包，从而起到网络安全屏障的作用，防火墙不能实现的功能是__（35）__。

（35）A．限制网络访问　B．网络带宽控制　C．网络访问审计　D．网络物理隔离

- 包过滤是在 IP 层实现的防火墙技术，根据包的源 IP 地址、目的 IP 地址、源端口、目的端口及包传递方向等包头信息判断是否允许包通过。包过滤型防火墙扩展 IP 访问控制规则的格式如下：

```
access-list list-number {deny|permit}protocol
    source source-wildcard source-qualifiers
    destination destination-wildcard destination-qualifiers [log|log-input]
```

则以下说法错误的是__（36）__。

（36）A．source 表示来源的 IP 地址

B．deny 表示若经过过滤器的包条件匹配，则允许该包通过

C．destination 表示目的 IP 地址

D．log 表示记录符合规则条件的网络包

- 以下有关网站攻击防护及安全监测技术的说法，错误的是__（37）__。

（37）A．Web 应用防火墙针对 80、443 端口

B．包过滤防火墙只能基于 IP 层过滤网站恶意包

C．利用操作系统的文件调用事件来检测网页文件的完整性变化，可以发现网站被非授权修改

D．网络流量清洗可以过滤掉针对目标网络攻击的恶意网络流量

- 通过 VPN 技术，企业可以在远程用户、分支部门、合作伙伴之间建立一条安全通道，实现 VPN 提供的多种安全服务。VPN 不能提供的安全服务是__（38）__。

（38）A．保密性服务　B．网络隔离服务　C．完整性服务　D．认证服务

- 按照 VPN 在 TCP/IP 协议层的实现方式，可以将其分为链路层 VPN、网络层 VPN 和传输层 VPN。以下属于网络层 VPN 实现方式的是__（39）__。

（39）A．多协议标签交换（MPLS）　B．ATM

C．Frame Relay　D．隧道技术

- 在 IPSec 虚拟专用网当中，提供数据源认证的协议是__（40）__。

（40）A．SKIP　B．IP AH　C．IP ESP　D．ISAKMP

- 通用入侵检测框架模型（CIDF）由事件产生器、事件分析器、响应单元和事件数据库 4 个部分组成。其中向系统其他部分提供事件的是__（41）__。

（41）A．事件产生器　B．事件分析器　C．响应单元　D．事件数据库

- 蜜罐技术是一种基于信息欺骗的主动防御技术，是入侵检测技术的一个重要发展方向，蜜罐为了实现一台计算机绑定多个 IP 地址，可以使用__（42）__协议来实现。

（42）A．ICMP　B．DHCP　C．DNS　D．ARP

- 基于网络的入侵检测系统（NIDS）通过侦听网络系统，捕获网络数据包，并依据网络包是否包含攻击特征，或者网络通信流是否异常来识别入侵行为。以下不适合采用 NIDS 检测的入侵行为是__（43）__。

（43）A．分布式拒绝服务攻击　B．缓冲区溢出

C．注册表修改　D．协议攻击

- 网络物理隔离有利于强化网络安全的保障，增强涉密网络的安全性。以下关于网络物理隔离实现技术的表述，错误的是＿（44）＿。

（44）A．物理断开可以实现处于不同安全域的网络之间以间接方式相连接

B．内外网线路切换器通过交换盒的开关设置控制计算机的网络物理连接

C．单硬盘内外分区技术将单台物理 PC 虚拟成逻辑上的两台 PC

D．网闸通过具有控制功能的开关来连接或切断两个独立主机系统的数据交换

- 操作系统审计一般是对操作系统用户和系统服务进行记录，主要包括：用户登录和注销、系统服务启动和关闭、安全事件等。在 Linux 操作系统中，文件 lastlog 记录的是＿（45）＿。

（45）A．系统开机自检日志　　B．当前用户登录日志

C．最近登录日志　　D．系统消息

- 关键信息基础设施的核心操作系统、关键数据库一般设有操作员、安全员和审计员 3 种角色类型。以下表述错误的是＿（46）＿。

（46）A．操作员只负责对系统的操作维护工作

B．安全员负责系统安全策略配置和维护

C．审计员可以查看操作员、安全员的工作过程日志

D．操作员可以修改自己的操作记录

- 网络流量数据挖掘分析是对采集到的网络流量数据进行挖掘，提取网络流量信息，形成网络审计记录。网络流量数据挖掘分析主要包括：邮件收发协议审计、网页浏览审计、文件共享审计、文件传输审计以及远程访问审计等。其中文件传输审计主要针对＿（47）＿协议。

（47）A．SMTP　　B．FTP　　C．Telnet　　D．HTTP

- 网络安全漏洞是网络安全管理工作的重要内容，网络信息系统的漏洞主要来自两个方面：非技术性安全漏洞和技术性安全漏洞。以下属于非技术性安全漏洞主要来源的是＿（48）＿。

（48）A．缓冲区溢出　　B．输入验证错误

C．网络安全特权控制不完备　　D．配置错误

- 在 Linux 系统中，可用＿（49）＿工具检查进程使用的文件、TCP/UDP 端口、用户等相关信息。

（49）A．ps　　B．lsof　　C．top　　D．pwck

- 计算机病毒是一组具有自我复制及传播能力的程序代码。常见的计算机病毒类型包括引导型病毒、宏病毒、多态病毒、隐蔽病毒等。磁盘杀手病毒属于＿（50）＿。

（50）A．引导型病毒　　B．宏病毒　　C．多态病毒　　D．隐蔽病毒

- 网络蠕虫是恶意代码的一种类型，具有自我复制和传播能力，可以独立自动运行。网络蠕虫的 4 个功能模块包括＿（51）＿。

（51）A．扫描模块、感染模块、破坏模块、负载模块

B．探测模块、传播模块、蠕虫引擎模块、负载模块

C．扫描模块、传播模块、蠕虫引擎模块、破坏模块

D．探测模块、传播模块、负载模块、破坏模块

- 入侵防御系统（IPS）的主要作用是过滤掉有害网络信息流，阻断入侵者对目标的攻击行为。IPS 的主要安全功能不包括＿（52）＿。

（52）A．屏蔽指定 IP 地址　　B．屏蔽指定网络端口
C．网络物理隔离　　D．屏蔽指定域名

- 隐私保护技术的目标是通过对隐私数据进行安全修改处理，使得修改后的数据可以公开发布而不会遭受隐私攻击。隐私保护的常见技术有抑制、泛化、置换、扰动、裁剪等。其中在数据发布时添加一定的噪声的技术属于＿（53）＿。

（53）A．抑制　　B．泛化　　C．置换　　D．扰动

- 为了保护个人信息安全，规范 App 的应用，国家有关部门已发布了《信息安全技术 移动互联网应用程序（App）收集个人信息基本要求》（GB/T 41391—2022），其中，针对 Android 6.0 及以上可收集个人信息的权限，给出了服务类型的最小必要权限参考范围。根据该规范，具有位置权限的服务类型包括＿（54）＿。

（54）A．网络支付、金融借贷　　B．网上购物、即时通信
C．餐饮外卖、运动健身　　D．问诊挂号、求职招聘

- 威胁效果是指威胁成功后，给网络系统造成的影响。电子邮件炸弹能使用户在很短的时间内收到大量的电子邮件，严重时会使系统崩溃、网络瘫痪，该威胁属于＿（55）＿。

（55）A．欺骗　　B．非法访问　　C．拒绝服务　　D．暴力破解

- 通过网络传播法律法规禁止的信息，炒作敏感问题并危害国家安全、社会稳定和公众利益的事件，属于＿（56）＿。

（56）A．信息内容安全事件　　B．信息破坏事件
C．网络攻击事件　　D．有害程序事件

- 文件完整性检查的目的是发现受害系统中被篡改的文件或操作系统的内核是否被替换，对于 Linux 系统，网络管理员可使用＿（57）＿命令直接把系统中的二进制文件和原始发布介质上对应的文件进行比较。

（57）A．who　　B．find　　C．arp　　D．cmp

- 入侵取证是指通过特定的软件和工具，从计算机及网络系统中提取攻击证据。以下网络安全取证步骤正确的是＿（58）＿。

（58）A．取证现场保护—证据识别—保存证据—传输证据—分析证据—提交证据
B．取证现场保护—证据识别—传输证据—保存证据—分析证据—提交证据
C．取证现场保护—保存证据—证据识别—传输证据—分析证据—提交证据
D．取证现场保护—证据识别—提交证据—传输证据—保存证据—分析证据

- 端口扫描的目的是找出目标系统上提供的服务列表。以下端口扫描技术中，需要第三方机器配合的是＿（59）＿。

（59）A．完全连接扫描　　B．SYN 扫描
C．ID 头信息扫描　　D．ACK 扫描

- 安全渗透测试通过模拟攻击者对测评对象进行安全攻击，以验证安全防护机制的有效性。其中需要提供部分测试对象信息，测试团队根据所获取的信息，模拟不同级别的威胁者进行渗透测试，这属于＿（60）＿。

（60）A．黑盒测试　　B．白盒测试　　C．灰盒测试　　D．盲盒测试

- 《计算机信息系统 安全保护等级划分准则》（GB 17859—1999）规定，计算机信息系统安全保护能力分为 5 个等级，其中提供系统恢复机制的是__（61）__。

（61）A．系统审计保护级　　B．安全标记保护级
　　C．结构化保护级　　D．访问验证保护级

- Android 是一个开源的移动终端操作系统，共分成 Linux 内核层、系统运行库层、应用程序框架层和应用程序层 4 个部分。显示驱动位于__（62）__。

（62）A．Linux 内核层　　B．系统运行库层
　　C．应用程序框架层　　D．应用程序层

- 网络安全管理是对网络系统中网管对象的风险进行控制。给操作系统打补丁属于__（63）__方法。

（63）A．避免风险　　B．转移风险　　C．减少风险　　D．消除风险

- 日志文件是 Windows 系统中一个比较特殊的文件，它记录 Windows 系统的运行状况，如各种系统服务的启动、运行、关闭等信息。Windows 日志中，安全日志对应的文件名为__（64）__。

（64）A．SecEvent.evt　　B．AppEvent.evt　　C．SysEvent.evt　　D．CybEvent.evt

- 最小化配置服务是指在满足业务的前提下，尽量关闭不需要的服务和网络端口，以减少系统潜在的安全危害。以下实现 Linux 系统网络服务最小化的操作，正确的是__（65）__。

（65）A．inetd.conf 的文件权限设置为 644
　　B．services 的文件权限设置为 600
　　C．inetd.conf 的文件属主为 root
　　D．关闭与系统业务运行有关的网络通信端口

- 数据库脱敏是指利用数据脱敏技术将数据库中的数据进行变换处理，在保持数据按需使用目标的同时，又能避免敏感数据外泄。以下技术中，不属于数据脱敏技术的是__（66）__。

（66）A．屏蔽　　B．变形　　C．替换　　D．访问控制

- Oracle 数据库提供认证、访问控制、特权管理、透明加密等多种安全机制和技术。以下关于 Oracle 数据库的表述，错误的是__（67）__。

（67）A．Oracle 数据库的认证方式采用“用户名+口令”的方式
　　B．Oracle 数据库不支持第三方认证
　　C．Oracle 数据库有口令加密和复杂度验证等安全功能
　　D．Oracle 数据库提供细粒度访问控制

- 交换机是构成网络的基础设备，主要功能是负责网络通信数据包的交换传输。交换机根据功能变化分为五代，其中第二代交换机又称为以太网交换机，其工作于 OSI（开放系统互连参考模型）的__（68）__。

（68）A．物理层　　B．数据链路层　　C．网络层　　D．应用层

- Apache Httpd 是一个用于搭建 Web 服务器的开源软件。Apache Httpd 配置文件中，负责基本读取文件控制的是__（69）__。

（69）A．httpd.conf　　B．srm.conf　　C．access.conf　　D．mime.conf

- 口令是保护路由器安全的有效方法，一旦口令信息泄露就会危及路由器安全。因此，路由器的口令存放应是密文。在路由器配置时，使用__（70）__命令保存口令密文。

(70) A. enable secret B. key chain C. key-string D. no ip finger

● Methods for ___(71)___ people differ significantly from those for authenticating machines and programs, and this is because of the major differences in the capabilities of people versus computers. Computers are great at doing ___(72)___ calculations quickly and correctly, and they have large memories into which they can store and later retrieve Gigabytes of information. Humans don't. So we need to use different methods to authenticate people. In particular, the ___(73)___ protocols we've already discussed are not well suited if the principal being authenticated is a person (with all the associated limitations).

All approaches for human authentication rely on at least one of the followings:

- Something you know (eg. a password).This is the most common kind of authentication used for humans. We use passwords every day to access our systems. Unfortunately, something that you know can become something you just forgot. And if you write it down, then other people might find it.
- Something you ___(74)___ (eg. a smart card).This form of human authentication removes the problem of forgetting something you know, but some object now must be with you any time you want to be authenticated. And such an object might be stolen and then becomes something the attacker has.
- Something you are (eg. a fingerprint).Base authentication on something ___(75)___ to the principal being authenticated. It's much harder to lose a fingerprint than a wallet. Unfortunately, biometric sensors are fairly expensive and (at present) not very accurate.

(71) A. authenticating B. authentication C. authorizing D. authorization
(72) A. much B. huge C. large D. big
(73) A. network B. cryptographic C. communication D. security
(74) A. are B. have C. can D. owned
(75) A. unique B. expensive C. important D. intrinsic

信息安全工程师机考试卷　第 2 套
应用技术卷

试题一（共 20 分）

阅读下列说明和图，回答【问题 1】至【问题 5】。

【说明】已知某公司网络环境结构主要由 3 个部分组成，分别是 DMZ 区、内网办公区和生产区，其拓扑结构如图 1-1 所示。信息安全部的王工正在按照等级保护 2.0 的要求对部分业务系统开展安全配置。图 1-1 中，网站服务器的 IP 地址是 192.168.70.140，数据库服务器的 IP 地址是 192.168.70.141，信息安全部计算机所在网段为192.168.11.1/24，王工所使用的办公电脑 IP 地址为 192.168.11.2。

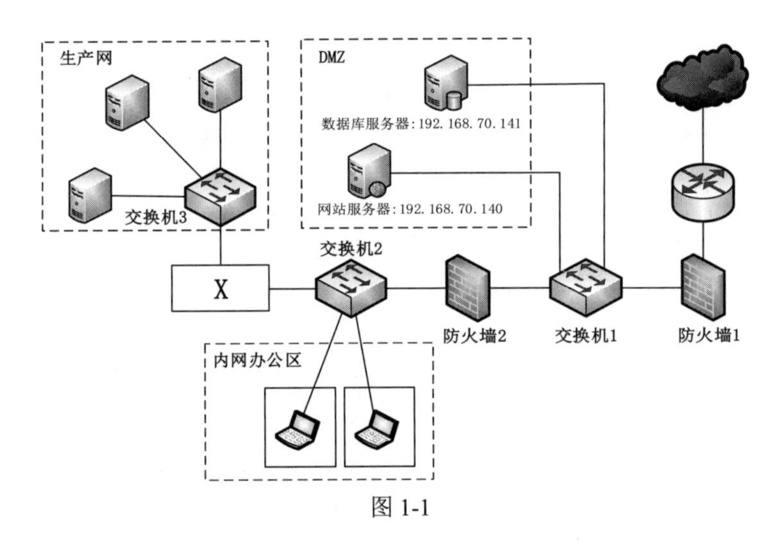

图 1-1

【问题 1】（2 分）

为了防止生产网受到外部的网络安全威胁，安全策略要求生产网和其他网之间部署安全隔离装置，隔离强度达到接近物理隔离。请问图中 X 最有可能代表的是什么安全设备？

【问题 2】（2 分）

防火墙是网络安全区域边界保护的重要技术，防火墙防御体系结构主要有基于双宿主主机、基于代理和基于屏蔽子网的防火墙。图 1-1 拓扑图中的防火墙布局属于哪种体系结构类型？

【问题 3】（2 分）

通常网络安全需要建立 4 道防线，第一道是保护，阻止网络入侵；第二道是监测，及时发现入侵和破坏；第三道是响应，攻击发生时确保网络打不垮；第四道是恢复，使网络在遭受攻击时能以最快的速度起死回生。请问图 1-1 中防火墙 1 属于第几道防线？

【问题 4】（6 分）

图 1-1 中防火墙 1 和防火墙 2 都采用 Ubuntu 系统自带的 iptables 防火墙，其默认的过滤规则如图 1-2 所示。

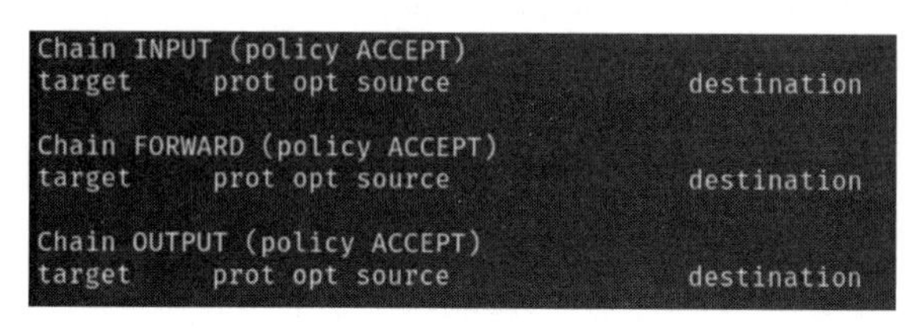

```
Chain INPUT (policy ACCEPT)
target     prot opt source               destination

Chain FORWARD (policy ACCEPT)
target     prot opt source               destination

Chain OUTPUT (policy ACCEPT)
target     prot opt source               destination
```

图 1-2

（1）请说明上述防火墙采取的是白名单还是黑名单安全策略。

（2）图 1-2 显示的是 iptables 哪个表的信息，请写出表名。

（3）如果要设置 iptables 防火墙默认不允许任何数据包进入，请写出相应命令。

【问题 5】（8 分）

DMZ 区的网站服务器是允许互联网进行访问的，为了实现这个目标，王工需要对防火墙 1 进行有效配置。同时王工还需要通过防火墙 2 对网站服务器和数据库服务器进行日常运维。

（1）防火墙 1 应该允许哪些端口通过？

（2）请编写防火墙 1 上实现互联网只能访问网站服务器的 iptables 过滤规则。

（3）请写出王工电脑的子网掩码。

（4）为了使王工能通过 SSH 协议远程运维 DMZ 区中的服务器，请编写防火墙 2 的 iptables 过滤规则。

试题二（共 20 分）

阅读下列说明，回答【问题 1】至【问题 5】。

【说明】通常由于机房电磁环境复杂，运维人员很少在现场进行运维工作，在出现安全事件需要紧急处理时，需要运维人员随时随地远程开展处置工作。

SSH（安全外壳协议）是一种加密的网络传输协议，提供安全方式访问远程计算机。李工作为公司的安全运维工程师，也经常使用 SSH 远程登录到公司的 Ubuntu18.04 服务器中进行安全维护。

【问题 1】（2 分）

SSH 协议默认工作的端口号是多少？

【问题 2】（2 分）

网络设备之间的远程运维可以采用两种安全通信方式：一种是 SSH，还有一种是什么？

【问题 3】（4 分）

日志包含设备、系统和应用软件的各种运行信息，是安全运维的重点关注对象。李工在定期巡检服务器的 SSH 日志时，发现了以下可疑记录：

```
Jul 22 17: 17: 52 humen systed-logiad [1182] : humen sytem buttons on/dev/input/evet0 (Power Button)
Jul 22 17: 17: 52 humen systed-logiad [1182] : humen sytem buttons on/dev/input/evet1(AT Translated Set 2 keyboard)
Jul 23 09: 33: 41 humen sshd [5423] :pam_unix (sshd:auth) authentication failure, logname= uid=0 euid=0 tty=ssh ruser=rhost=192.168.107.130 user=humen
Jul 23 09: 33: 43 humen sshd [5423] :Failed password for humen from 192.168.107.130 port 40231 ssh2
Jul 23 09: 33: 43 humen sshd [5423] :Connection closed by authenticating user humen 192.168.107.130 port 40231[preauth]
Jul 23 09: 33: 43 humen sshd [5425] :pam_unix (sshd:auth) :authentication failure; logname= uid=0 euid=0 tty=ssh ruser=rhost=192.168.107.130 user=humen
Jul 23 09: 33: 45 humen sshd [5425] : Failed password for humen from 192.168.107.130 port 37223 ssh2
Jul 23 09: 33: 45 humen sshd [5425] : Connection closed by authenticating user humen192.168.107.130 port 37223 [preauth]
Jul 23 09: 33: 45 humen sshd [5427] : pam_unix (sshd:auth) :authentication failure;logname= uid=0 euid=0 tty=ssh ruser=rhost=192.168.107.130 user=humen
Jul 23 09: 33: 47 humen sshd [5427] : Failed password for humen from 192.168.107.130 port 41365 ssh2
Jul 23 09: 33: 47 humen sshd [5427] :Connection closed by authenticating user humen 192.168.107.130 port 41365 [preauth]
Jul 23 09: 33: 47 humen sshd [5429] : pam_unix (sshd:auth) :authentication failure;logname= uid=0 euid=0 tty=ssh ruser=rhost=192.168.107.130 user=humen
Jul 23 09: 33: 49 humen sshd [5429] : Failed password for humen from 192.168.107.130 port 45627 ssh2
Jul 23 09: 33: 49 humen sshd [5429] :Connection closed by authenticating user humen 192.168.107.130 port 45627 [preauth]
Jul 23 09: 33: 49 humen sshd [5431] : pam_unix (sshd:auth) :authentication failure;logname= uid=0 euid=0 tty=ssh ruser=rhost=192.168.107.130 user=humen
Jul 23 09: 33: 51 humen sshd [5431] : Failed password for humen from192.168.107.130 port 42271 ssh2
Jul 23 09: 33: 51 humen sshd [5431] :Connection closed by authenticating user humen 192.168.107.130 port 42271 [preauth]
Jul 23 09: 33: 51 humen sshd [5433] : pam_unix (sshd:auth) :authentication failure;logname= uid=0 euid=0 tty=ssh ruser=rhost=192.168.107.130 user=humen
Jul 23 09: 33: 53 humen sshd [5433] : Failed password for humen from 192.168.107.130 port 45149 ssh2
Jul 23 09: 33: 53 humen sshd [5433] :Connection closed by authenticating user humen 192.168.107.130 port 45149[preauth]
Jul 23 09: 33:54 humen sshd [5435] :Accepted password for humen from 192.168.107.130 port 45671 ssh2
Jul 23 09: 33: 54 humen sshd [5435] : pam_unix (sshd:auth) : session opened for user humen by (uid=0)
```

（1）请问李工打开的系统日志文件的路径和名称是什么？

（2）李工怀疑有黑客在攻击该系统，请给出判断攻击成功与否的日志以便李工评估攻击的影响。

【问题 4】（10 分）

经过上次 SSH 的攻击事件之后，李工为了加强口令安全，降低远程连接风险，考虑采用免密证书登录。

（1）Linux 系统默认不允许证书方式登录，李工需要实现免密证书登录的功能，应该修改哪个配置文件？请给出文件名。

（2）李工在创建证书后需要复制公钥信息到服务器中。他在终端输入了以下复制命令，请说明命令中“＞＞”的含义。

```
ssh xiaoming@server cat/home/xiaoming/.ssh/id_rsa.pub> >authorized_keys
```

（3）服务器中的 authorized_keys 文件详细信息如下，请给出文件权限的数字表示。

```
-rw------- 1 root root 0 10月 18  2018 authorized_keys
```

（4）李工完成 SSH 配置修改后需要重启服务，请给出 systemctl 重启 SSH 服务的命令。

（5）在上述服务配置过程中，配置命令中可能包含各种敏感信息，因此在配置结束后应及时清除历史命令信息，请给出清除系统历史记录应执行的命令。

【问题 5】(2 分)

SSH 之所以可以实现安全的远程访问，归根结底还是密码技术的有效使用。对于 SSH 协议，不管是李工刚开始使用的基于口令的认证还是后来的基于密钥的免密认证，都是密码算法和密码协议在为李工的远程访问保驾护航。请问上述安全能力是基于对称密码体制还是非对称密码体制来实现的？

试题三（共 20 分）

阅读下列说明和图，回答【问题 1】至【问题 5】。

【说明】域名系统是网络空间的中枢神经系统，其安全性影响范围大，也是网络攻防的重点。李工在日常的流量监控中，发现如图 3-1 所示的可疑流量，请协助分析其中可能的安全事件。

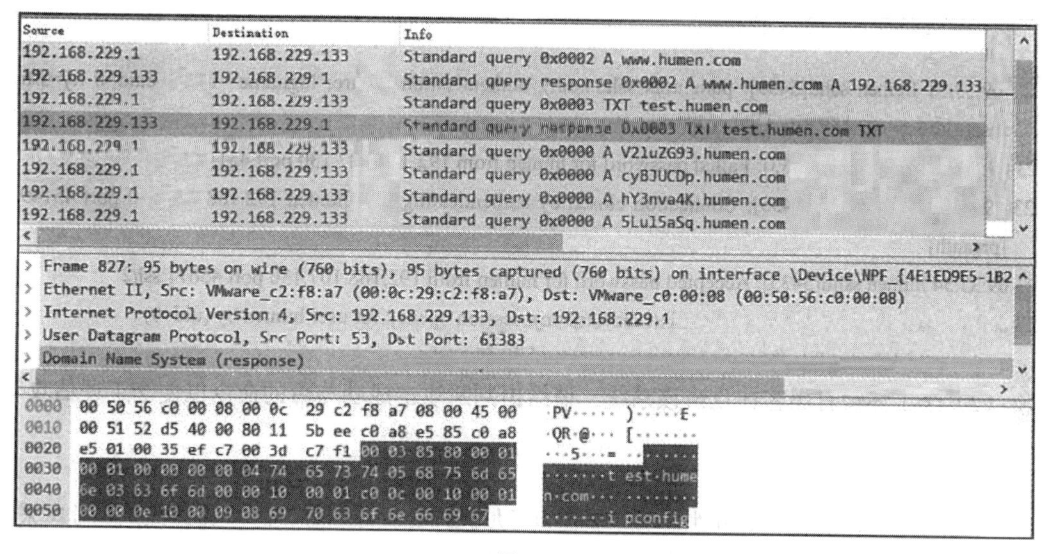

图 3-1

【问题 1】(4 分)

域名系统采用授权的分布式数据查询系统，完成域名和 IP 地址的解析。李工通过上述流量可以判断域名解析是否正常、有无域名劫持攻击等安全事件发生。

(1) 域名系统的服务端程序工作在网络的哪一层？

(2) 图 3-1 中的第一个网络分组要解析的域名是什么？

(3) 给出上述域名在 DNS 查询包中的表示形式（十六进制）。

(4) 由图 3-1 可知李工所在单位的域名服务器的 IP 地址是什么？

【问题 2】(2 分)

鉴于上述 DNS 协议分组包含大量奇怪的子域名，如想知道是哪个应用程序发送的上述网络分组，请问在 Windows 系统下，李工应执行哪条命令以确定上述 DNS 流量来源？

【问题 3】（6 分）

通过上述的初步判断，李工认为 192.168.229.1 的计算机可能已经被黑客所控制（CC 攻击）。黑客惯用的手法就是建立网络隐蔽通道，也就是指利用网络协议的某些字段秘密传输信息，以掩盖恶意程序的通信内容和通信状态。

（1）请问上述流量最有可能对应的恶意程序类型是什么？

（2）上述流量中隐藏的异常行为是什么？请简要说明。

（3）信息安全目标包括保密性、完整性、不可否认性、可用性和可控性，请问上述流量所对应的网络攻击违反了信息安全的哪个目标？

【问题 4】（6 分）

通过上述的攻击流分析，李工决定用防火墙隔离该计算机，李工所运维的防火墙是 Ubuntu 系统自带的 iptables 防火墙。

（1）请问 iptables 默认实现数据包过滤的表是什么？该表默认包含哪几条链？

（2）李工首先要在 iptables 防火墙中查看现有的过滤规则，请给出该命令。

（3）李工要禁止该计算机继续发送 DNS 数据包，请给出相应的过滤规则。

【问题 5】（2 分）

在完成上述处置以后，李工需要分析事件原因，请说明导致 DNS 成为 CC 攻击的首选隐蔽传输通道协议的原因。

试题四（共 15 分）

阅读下列说明，回答【问题 1】至【问题 4】。

【说明】近期，按照网络安全审查工作安排，国家网信办会同公安部、国家安全部、自然资源部、交通运输部、税务总局及市场监管总局等部门联合进驻某出行科技有限公司，开展网络安全审查，移动 App 安全检测和个人数据安全再次成为关注焦点。

【问题 1】（4 分）

为保护 Android 系统及应用终端平台安全，Android 系统在内核层、系统运行层、应用框架层以及应用程序层采取了相应的安全措施，以尽可能地保护移动用户数据、应用程序和设备安全。

在 Android 系统提供的安全措施中有安全沙箱、应用程序签名机制、权限声明机制、地址空间布局随机化等，请将上述 4 种安全措施按照其所在层次分别填入表 4-1 的（1）～（4）空白处。

表 4-1　Android 系统安全系统结构

应用程序层	（1）
应用框架层	（2）
系统运行库层	（3）
内核层	（4）

【问题 2】（6 分）

权限声明机制为操作权限和对象之间设定了一些限制，只有把权限和对象进行绑定，才可以有权操作对象。

（1）请问 Android 系统应用程序权限声明信息都在哪个配置文件中？给出该配置文件名。

（2）Android 系统定义的权限组包括 CALENDAR、CAMERA、CONTACTS、LOCATION、MICROPHONE、PHONE、SENSORS、SMS、STORAGE。按照《信息安全技术 移动互联网应用程序（App）收集个人信息基本要求》（GB/T 41391—2022），运行在 Android 9.0 系统中提供网络约车服务的某出行 App 可以有的最小必要权限是以上权限组的哪几个？

（3）假如有移动应用 A 提供了 AService 服务，对应的权限描述如下：

```
1.    <permission
2.              android:name="USER_INFO"
3.              android:label="read user information"
4.              android:description="get user information"
5.              android: ProtectionLevel="signature"
6.     />
7.    <service android:name="com.demo. AService"
8.              android:exported="true"
9.              android:permission="com.demo.permission.USER_INFO"
10.      </service>
```

如果其他应用 B 要访问该服务，应该申明使用该服务，将以下申明语句补充完整。

```
11. <________ android:name="com.demo. AService"/>
```

【问题 3】（3 分）

应用程序框架层集中了很多 Android 开发需要的组件，其中最主要的就是 Activities、Broadcast Receiver、Services 以及 Content Providers 这四大组件，围绕四大组件存在很多的攻击方法，请说明以下 3 种攻击分别是针对哪个组件。

（1）目录遍历攻击。

（2）界面劫持攻击。

（3）短信拦截攻击。

【问题 4】（2 分）

移动终端设备常见的数据存储方式包括：①SharedPreferences；②文件存储；③SQLite 数据库；④Content Provider；⑤网络存储。

从以上 5 种方式中选出 Android 系统支持的数据存储方式，给出对应存储方式的编号。

信息安全工程师机考试卷　第 2 套
基础知识卷参考答案/试题解析

（1）**参考答案**：B

试题解析　本题考查的是网络信息安全的基本属性。机密性是指网络信息不泄露给非授权的用户、实体或程序，能够防止非授权者获取信息。完整性是指网络信息或系统未经授权不能进行更改的特性。抗抵赖性是指防止网络信息系统相关用户否认其活动行为的特性。隐私性是指有关个人的敏感信息不对外公开的特性。

（2）**参考答案**：A

试题解析　网络信息系统的生命周期模型及各个阶段的主要活动如下表所示。

生命周期阶段名	网络安全管理活动
网络信息系统规划	网络信息安全风险评估、识别网络信息安全目标、识别网络信息安全需求
网络信息系统设计	识别信息安全风险控制方法、权衡网络信息安全解决方案、设计网络信息安全体系结构
网络信息系统集成与实现	购买和部署安全设备或产品、网络信息系统的安全特性应该被配置和激活、网络安全系统实现效果的评价、验证是否能满足安全需求、检查系统所运行的环境是否符合设计
网络信息系统运行和维护	建立网络信息安全管理组织、制定网络信息安全规章制度、定期重新评估网络信息管理对象、适时调整安全配置或设备、发现并修补网络信息系统的漏洞、威胁监测与应急处理
网络信息系统废弃	对要替换或废弃的网络系统组件进行风险评估、废弃的网络信息系统组件的安全处理、网络信息系统组件的安全更新

（3）**参考答案**：B

试题解析　SM3 是国家密码管理局于 2010 年公布的商用密码杂凑算法标准。该算法消息分组长度为 512 比特，输出杂凑值长度为 256 比特，采用 Merkle-Damgard 结构。

（4）**参考答案**：C

试题解析　《互联网域名管理办法》第四十一条规定，域名系统出现网络与信息安全事件时，应当在 24 小时内向电信管理机构报告。

（5）**参考答案**：A

试题解析　我国对密码实行分类管理，把密码分为核心密码、普通密码和商用密码。核心密码是指国家和军队的重要信息系统所使用的密码；普通密码是指非核心密码、不属于商用密码的密码；商用密码是指非核心密码、商业活动中使用的密码。

（6）**参考答案**：D

试题解析 攻击树的优点：能够采取专家头脑风暴法，并且将这些意见融合到攻击树中去；能够进行费效分析或者概率分析；能够建模非常复杂的攻击场景。

攻击树的缺点：由于树结构的内在限制，攻击树不能用来建模多重尝试攻击、时间依赖及访问控制等场景；不能用来建模循环事件；对于现实中的大规模网络，攻击树方法处理起来将会特别复杂。

（7）**参考答案**：C

试题解析 攻击者设计后门时通常会考虑以下方法：放宽文件许可权；重新开放不安全的服务，如REXD、TFTP等；修改系统的配置，如系统启动文件和网络服务配置文件等；替换系统本身的共享库文件；修改系统的源代码，安装各种特洛伊木马；安装嗅探器；建立隐蔽信道。攻击者一旦修改系统管理员口令，会被管理员及时发现，所以一般不会将修改管理员口令用作设计后门的方法。

（8）**参考答案**：B

试题解析 被动攻击是指攻击者从网络上窃听他人的通信内容后进行流量分析，主要手段有窃听、截获等。主动攻击对信息进行篡改、伪造，主要手段有伪装、重放、篡改、拒绝服务。

（9）**参考答案**：B

试题解析 FIN扫描：源主机A向目标主机B发送FIN数据包，然后查看反馈信息，如果端口返回RESET信息，则说明该端口关闭，如果没有返回任何信息，则说明该端口开放。半连接扫描：在源主机和目的主机的三次握手连接过程中，只完成前两次，不建立一次完整连接的扫描。SYN扫描：首先向目标主机发送连接请求，当目标主机返回响应后，立即切断连接过程，并查看响应情况。如果目标主机返回ACK信息，表示目标主机的该端口开放；如果目标主机返回RESET信息，表示该端口没有开放。完全连接扫描：完全连接扫描利用TCP/IP协议的三次握手机制，使源主机和目的主机的某个端口建立一次完整的连接。如果建立成功则表明该端口开放，否则表明该端口关闭。

（10）**参考答案**：A

试题解析 网络钓鱼（Phishing）是一种通过假冒可信方（知名银行、信用卡公司等可信的品牌）提供网上服务，以欺骗手段获取敏感个人信息（如口令、信用卡信息等）的攻击方式。

（11）**参考答案**：A

试题解析 TCP SYN扫描又称“半打开扫描（Half-Open Scanning）”，当向目标主机发送SYN连接时，如果收到一个来自目标主机的SYN/ACK应答，那么可以推断目标主机的该端口开放。如果收到一个RST/ACK则认为目标主机的该端口未开放。

（12）**参考答案**：C

试题解析 SYN Flood、DNS放大攻击、泪滴攻击等属于拒绝服务攻击。其基本原理是通过发送大量合法的请求来消耗资源，使得网络服务不能响应正常的请求。

SQL注入属于漏洞入侵，即把SQL命令插入到Web表单、域名输入栏或页面请求的查询字符串中提交，最终利用网络系统漏洞，欺骗服务器去执行设计好的恶意SQL命令。

（13）参考答案：D

试题解析　常见的网络攻击工具如下表所示。

类别	作用	经典工具
扫描器	扫描目标系统的地址、端口、漏洞等	NMAP、Nessus、SuperScan
远程监控	代理软件，控制“肉鸡”	冰河、网络精灵、Netcat
密码破解	猜测、穷举、破解口令	John the Ripper、LophtCrack
网络嗅探	窃获、分析、破解网络信息	Tcpdump、DSniff、Wireshark
安全渗透工具箱	漏洞利用、特权提升	Metasploit、BackTrack

（14）参考答案：A

试题解析　在移动应用 App 程序插入无关代码属于代码混淆技术，用于增加阅读代码的难度，是防反编译的一种手段。

（15）参考答案：A

试题解析　该知识点曾在 2016 年考查过。加密密钥和解密密钥不相同的算法，称为**非对称加密算法**，这种方式又称为公钥密码体制。其特点是加密密钥和解密密钥不相同，并且计算上很难由一个密钥求出另一个密钥。

（16）参考答案：C

试题解析　经典必考试题。当 S 盒输入为“010001”时，则第 1 位与第 6 位组成二进制串“01”（十进制 1），中间四位组成二进制“1000”（十进制 8）。查询 S 盒的 1 行 8 列，得到数字 4，得到输出二进制数是 0100。这里要特别注意，起始的行号和列号都是从 0 开始的。

（17）参考答案：C

试题解析　国产密码算法（国密算法）是指国家密码局认定的国产商用密码算法，目前主流使用的国密算法有 SM2 椭圆曲线公钥密码算法、SM3 杂凑算法、SM4 分组密码算法等。

（18）参考答案：B

试题解析　MD5 算法由 MD2、MD3、MD4 发展而来，其消息分组长度为 512 比特，生成 128 比特的摘要。

（19）参考答案：B

试题解析　**数字签名（Digital Signature）**的作用就是确保 A 发送给 B 的信息就是 A 本人发送的，并且没有篡改。接收方使用发送方的公钥，如果可解密出发送方的摘要，则说明信息是发送方发的；接收方再根据所收到的原文用相同的哈希算法重新计算其摘要，两个摘要若一致，则说明信息未被篡改过，而通过摘要是无法还原出原文的，所以哈希函数是单向的、安全的。因此，可以说数字签名最常用的实现方法，是建立在公钥密码体制和安全单向散列函数的基础之上的。

（20）参考答案：B

试题解析　Diffie-Hellman 密钥交换体制要解决的是完成通信双方的**对称密钥**交换，利用的原理是基于**离散对数问题**之上的**公开密钥密码体制**。

（21）参考答案：A

试题解析 通过采用 DHCP 协议，DHCP 服务器可以为 DHCP 客户端动态分配 IP 地址，DHCP 地址转换的输入和输出都是 IP 地址而非端口地址，但输入为内网 IP 地址，转换后的地址即输出的地址是公网 IP 地址。IP 地址是 IP 协议提供的一种统一的地址格式，是分配给互联网主机的逻辑地址，属于网络层协议。而端口地址通常是指为 TCP 或者 UDP 协议通信提供服务的数字标记，属于传输层。所以 IP 地址和端口地址本质上属于不同的两类事物，是不能用 DHCP 协议进行转换的。

（22）**参考答案**：A

试题解析 BLP 机密性模型包含简单安全特性规则和*特性规则。

1）**简单安全特性规则**。主体只能向下读，不能向上读。即主体读客体要满足以下两点：①主体安全级不小于客体的安全级，通常安全级对应的级别及顺序为公开＜秘密＜机密＜绝密；②主体范畴集**包含**客体的范畴集。

2）***特性规则**：主体只能向上写，不能向下写。即主体写客体要满足以下两点：①主体安全级不小于客体的安全级；②客体范畴集包含主体的范畴集。

BLP 特性如下图所示。

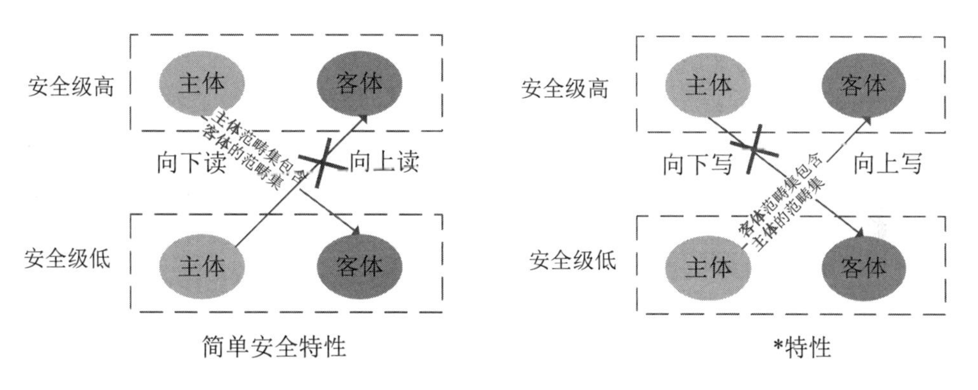

本题中，尽管用户 A 安全级为（绝密）不小于客体 F 的安全级（机密），但是用户 A 范畴集（人事处）**不是包含而是被包含于**客体 F 的范畴集（人事处，财务处），不满足简单安全特性规则，所以用户 A 不能读文件 F。

（23）**参考答案**：D

试题解析 Biba 模型的*特性规则：主体不能修改更高完整级的客体（主体不能向上写）。

（24）**参考答案**：C

试题解析 PDRR 模型中的恢复（Recovery）包含数据备份与修复、系统恢复等手段。

（25）**参考答案**：C

试题解析 能力成熟度模型（CMM）中，3 级——充分定义级主要要求是软件过程的文档化和标准化，可根据需要改进开发过程，用评审保证质量。本级别与软件安全相关的工作有漏洞评估、代码分析和安全编码标准。

（26）参考答案：D

试题解析　等级保护 2.0 新标准中的第四级，要求所有计算节点都应基于可信根实现开机到操作系统启动，再到应用程序启动的可信验证，并在**应用程序的所有执行环节对其执行环境进行可信验证**，主动抵御病毒入侵行为，同时验证结果，进行动态关联感知，形成实时的态势。

（27）参考答案：B

试题解析　依据计算机系统的规模、用途以及管理体制，可选用下列房间：①主要工作房间——计算机机房、终端室等；②第一类辅助房间——低压配电间、不间断电源室、蓄电池室、发电机室、气体钢瓶室、**监控室**等；③第二类辅助房间——资料室、维修室、技术人员办公室；④第三类辅助房间——储藏室、缓冲间、机房人员休息室、盥洗室等。

（28）参考答案：D

试题解析　认证一般由标识和鉴别两部分组成：①标识（Identification），指实体（如设备、人员、服务及数据等）唯一的、可辨识的身份标志，这些标志可以是**IP 地址、网卡地址、通信运营商信息等**；②鉴别（Authentication），指利用技术（如口令、数字证实、签名、生物特征等），识别并验证实体属性的真实性和有效性。

（29）参考答案：D

试题解析　Kerberos 系统中的应用服务器负责为用户提供服务。

（30）参考答案：A

试题解析　当用户个人身份信息发生变化或私钥丢失、泄露、疑似泄露时，证书用户应及时地向**CA（证书的签发机构，是 PKI 的核心）**提出证书撤销、废止、更新的请求。

（31）参考答案：B

试题解析　操作系统访问控制是针对计算机系统资源而采取的访问安全措施。操作系统访问控制的具体措施有文件读写、进程、内存等访问控制。

（32）参考答案：C

试题解析　基于列的自主访问控制的方式有访问**控制表、保护位**。

（33）参考答案：A

试题解析　基于角色的访问控制（Role Based Access Control，RBAC）通过分配和取消角色（岗位）来完成用户权限的授予和取消，并且提供角色分配规则。安全管理人员根据某项任务需要来定义各种角色，并设置合适的访问权限；根据责任和资历，再指派用户为不同的角色。

（34）参考答案：D

试题解析　通过合理设置 NTFS 权限可以实现高度的本地安全性，通过对用户赋予 NTFS 权限可以有效地控制用户对文件和文件夹的访问。

（35）参考答案：D

试题解析　防火墙具有过滤非安全网络访问、限制网络访问、网络访问审计和网络带宽控制的功能。现在的防火墙还具有逻辑隔离网络、提供代理服务和流量控制等功能。

由于物理隔离技术要求两台物理主机物理上并不直连，只能进行间接的信息交换，所以防火墙不能实现网络的物理隔离。

（36）参考答案：B

试题解析　access-list 命令中，参数 source 表示源地址，destination 表示目的地址，access-list-num 取值为 100～199，log 表示记录符合规则条件的网络包；permit 表示允许包通过，**deny 表示拒绝包通过**。

（37）参考答案：A

试题解析　Web 应用防火墙可以防止 SQL 注入、xss 攻击、恶意文件上传、远程命令执行、文件包含、恶意扫描拦截等；可以发现并拦截恶意的 Web 代码；可防止网站挂马、后门上传拦截等。所以说 Web 应用防火墙针对 80、443 端口的表述是错误的。

（38）参考答案：B

试题解析　虚拟专用网络（Virtual Private Network，VPN）是一种在互联网上建立专用网络的技术。通过 VPN 技术，企业可以在远程用户、分支部门、合作伙伴之间建立一条安全通道，实现 VPN 提供的多种安全服务。VPN 提供的主要安全服务有**保密性服务、完整性服务、认证服务**。

（39）参考答案：D

试题解析　数据链路层 VPN 的实现方式有 ATM、Frame Relay、多协议标签交换（MPLS）；网络层 VPN 的实现方式有**受控路由过滤、隧道技术**；传输层 VPN 的实现方式有 SSL 技术。有些资料中，将 MPLS 看成介于数据链路层和网络层的 2.5 层协议。

（40）参考答案：B

试题解析　认证头（Authentication Header，AH）协议是 IPSec 体系结构中的一种主要协议，它**为 IP 数据报提供完整性检查与数据源认证**，并防止重放攻击。

（41）参考答案：A

试题解析　通用入侵检测框架模型（CIDF）有以下 4 个组成部分：①事件产生器——从网络环境中获得事件，并将事件提供给 CIDF 的其他部分；②事件分析器——分析事件数据，给出分析结果；③响应单元——针对事件分析器的分析结果进行响应，如告警、断网、修改文件属性等；④事件数据库——存放中间和最终数据（文本、数据库等形式）。

（42）参考答案：D

试题解析　要实现一台计算机绑定多个 IP 地址，则需要使用 ARP 协议将该主机的物理地址（MAC 地址）映射成多个逻辑地址（IP 地址）。

（43）参考答案：C

试题解析　基于网络的入侵检测系统（NIDS）可以检测到的攻击有同步风暴、分布式拒绝服务攻击、网络扫描、缓冲区溢出、协议攻击、流量异常、非法网络访问等。**基于主机的入侵检测系统**（HIDS）可以检测针对主机的端口和漏洞扫描、重复登录失败、拒绝服务、系统账号变动、重启、服务停止、注册表修改、文件和目录完整性变化等。

（44）参考答案：A

试题解析　物理断开技术需要保证不同安全域的网络之间**不能以**直接或间接的方式相连接。物理断开通常由电子开关来实现。内外网线路切换器用单刀双掷开关（物理线路交换盒）实现分开访问外部、内部网络。单硬盘内外分区技术将单台物理 PC 虚拟成逻辑上的两台 PC，使得单台计算机在某一时刻只能连接到内部网或外部网。网闸作用是在两个或者两个以上的网络不连通的情况下，实现它们之间的安全数据交换和共享，其技术原理是使用一个具有开关功能的读写存储安全设备，通过开关来连接或切断两个独立主机系统的数据交换。

（45）**参考答案**：C

试题解析 在 Linux 操作系统中，lastlog 文件用于记录系统中所有用户最近一次登录信息。

（46）**参考答案**：D

试题解析 操作记录用于安全审计、责任确定，有助于发现网络安全问题和漏洞，为了保证操作记录的有效性，就要杜绝操作员可以修改自己的操作记录。

（47）**参考答案**：B

试题解析 FTP 称为文件传输协议，文件传输审计主要针对 FTP 协议，从 FTP 网络流量数据提取信息。

（48）**参考答案**：C

试题解析 非技术性安全漏洞是指来自制度、管理流程、人员、组织结构等的漏洞，“网络安全特权控制不完备”属于缺少对特权用户、超级账号的有效管理，所以属于非技术性安全漏洞。技术性安全漏洞是指来源于设计错误、输入验证错误、缓冲区溢出、验证错误、配置错误等方面的漏洞。

（49）**参考答案**：B

试题解析 在 Linux 系统中，lsof 命令可以列出某个进程/用户所打开的文件信息，可以查看所有的网络连接、查看 TCP/UDP 连接及端口信息。

（50）**参考答案**：A

试题解析 引导型病毒是通过感染磁盘引导扇区进行传播的病毒。常见的引导型病毒有 Boot.WYX、磁盘杀手、AntiExe 病毒等。

（51）**参考答案**：B

试题解析 蠕虫的具体组成如下：①探测模块——探测目标主机的脆弱性，确定攻击、渗透方式；②传播模块——复制并传播蠕虫；③蠕虫引擎模块——扫描并收集目标网络信息，如 IP 地址、拓扑结构、操作系统版本等；④负载模块——实现蠕虫内部功能的伪代码。

（52）**参考答案**：C

试题解析 网络物理隔离功能可由网闸设备完成，而 IPS 不具备该功能。

（53）**参考答案**：D

试题解析 隐私保护的常见技术有抑制、泛化、置换、扰动、裁剪等。抑制指通过数据置空的方式限制数据发布；泛化指通过降低数据精度实现数据匿名；置换不对数据内容进行更改，只改变数据的属主；扰动是指在数据发布时添加一定的噪声，包括数据增删、变换等；裁剪是指将数据分开发布。

（54）**参考答案**：C

试题解析 餐饮外卖、运动健身等服务类型必须要了解用户的精确位置信息才能提供更好、更精准的服务。

（55）**参考答案**：C

试题解析 电子邮件炸弹能使用户在很短的时间内收到大量的电子邮件，严重时会使系统崩溃、网络瘫痪。这时系统无法提供正常的服务，相关资源无法访问，这种威胁属于拒绝服务。

（56）**参考答案**：A

试题解析 ①有害程序事件分为计算机病毒事件、蠕虫事件、特洛伊木马事件、僵尸网络事件、混合程序攻击事件、网页内嵌恶意代码事件和其他有害程序事件；②网络攻击事件分为拒绝服务攻击事件、后门攻击事件、漏洞攻击事件、网络扫描窃听事件、网络钓鱼事件、干扰事件和其他网络攻击事件；③信息破坏事件分为信息篡改事件、信息假冒事件、信息泄露事件、信息窃取事件、信息丢失事件和其他信息破坏事件；④信息内容安全事件是指通过网络传播法律法规禁止信息，组织非法串联、煽动集会游行或炒作敏感问题并危害国家安全、社会稳定和公众利益的事件；⑤设备设施故障分为软硬件自身故障、外围保障设施故障、人为破坏事故和其他设备设施故障；⑥灾害性事件是指由自然灾害等其他突发事件导致的网络安全事件；⑦其他事件是指不能归为以上分类的网络安全事件。

（57）**参考答案**：D

试题解析 Linux 系统的 cmp 命令用于逐字节比较两个文件是否有差异。当相互比较的两个文件完全一样时，该指令不会显示任何信息。若发现有差异，预设会标示出第一个不同之处的字符和列数编号。

（58）**参考答案**：B

试题解析 网络安全取证步骤如下：①取证现场保护；②证据识别；③传输证据；④保存证据；⑤分析证据；⑥提交证据。

（59）**参考答案**：C

试题解析 ID 头信息扫描是利用第三方主机配合扫描探测端口状态的方法。

（60）**参考答案**：C

试题解析 灰盒模型是介于黑盒和白盒之间的测试模型，渗透测试人员需要部分了解被测网络信息，以模拟不同级别的威胁者进行渗透测试。

（61）**参考答案**：D

试题解析 《计算机信息系统 安全保护等级划分准则》（GB 17859－1999）的第五级，即访问验证保护级中规定：本级的计算机信息系统可信计算基满足访问监控器需求。访问监控器仲裁主体对客体的全部访问。访问监控器本身是抗篡改的；必须足够小，能够分析和测试。为了满足访问监控器需求，计算机信息系统可信计算基在构造时，排除那些对实施安全策略来说并非必要的代码；在设计和实现时，从系统工程角度将其复杂性降低到最小程度。支持安全管理员职能；扩充审计机制，当发生与安全相关的事件时发出信号；**提供系统恢复机制**。

（62）**参考答案**：A

试题解析 Android 操作系统具体架构如下图所示。

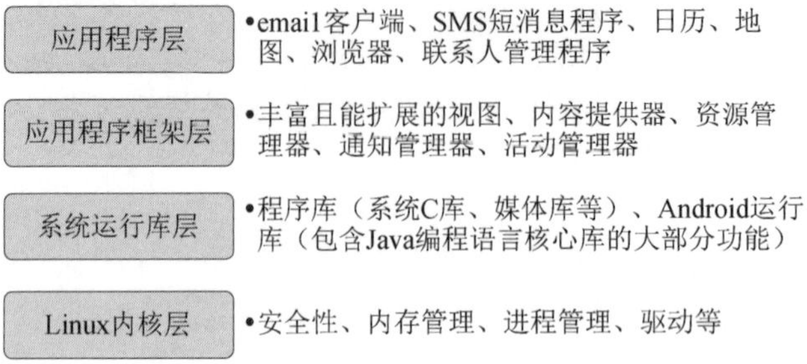

层次	内容
应用程序层	•email1客户端、SMS短消息程序、日历、地图、浏览器、联系人管理程序
应用程序框架层	•丰富且能扩展的视图、内容提供器、资源管理器、通知管理器、活动管理器
系统运行库层	•程序库（系统C库、媒体库等）、Android运行库（包含Java编程语言核心库的大部分功能）
Linux内核层	•安全性、内存管理、进程管理、驱动等

所以显示驱动位于 Linux 内核层。

（63）**参考答案**：C

试题解析 减少风险的定义是降低风险概率到可接受范围。给操作系统打补丁显然降低了风险的概率，所以属于减少风险方法。

（64）**参考答案**：A

试题解析 Windows 系统日志、应用程序日志和安全日志，对应的文件名分别为 SysEvent.evt，AppEvent.evt，SecEvent.evt。这些日志文件通常存放在“system32\config”下。

（65）**参考答案**：C

试题解析 最小化配置服务是指在**满足业务的前提下**，尽量关闭不需要的服务和网络端口，以减少系统潜在的安全危害。实现 Linux 系统网络服务最小化的操作方法有：

1）inetd.conf 的文件权限设置为 600。

2）inetd.conf 的文件属主为 root。

3）services 的文件权限设置为 644。

4）services 的文件属主为 root。

5）在 inetd. conf 中，注销不必要的服务，如 echo、finger、rsh、rlogin、tftp 等。

6）只开放与系统业务运行有关的网络通信端口。

（66）**参考答案**：D

试题解析 数据库脱敏是一种对敏感数据（例如身份证、手机信息）进行加密、变形、替换、屏蔽、随机化等变换的技术。

（67）**参考答案**：B

试题解析 Oracle 数据库除了 Oracle 数据库认证外，还集成支持操作系统认证、网络认证、多级认证、SSL 认证等方式。Oracle 数据库的认证方式采用“用户名+口令”，具有口令加密、账户锁定、口令生命期和过期、口令复杂度验证等安全功能。对于数据库管理员认证，Oracle 数据库要求进行特别认证，支持强认证、操作系统认证、口令文件认证。网络认证支持第三方认证、PKI 认证、远程认证等。Oracle 数据库提供细粒度访问控制，如针对 select，insert，update，delete 等操作，可以使用不同的策略。

（68）**参考答案**：B

试题解析 第二代交换机又称为以太网交换机，其工作于 OSI（开放系统互连参考模型）

的数据链路层。第二代交换机可以识别传输数据的MAC地址，并可选择端口进行数据转发。

（69）**参考答案**：C

试题解析 access.conf 文件负责读取文件的基本控制，限制目录执行功能、限制访问目录的权限。

（70）**参考答案**：A

试题解析 路由器设置特权密码时，使用命令 enable secret 则口令是加密的。

（71）～（75）**参考答案**：A C B B D

试题翻译 对人进行身份验证的方法与对机器和程序进行身份验证的方法有很大的不同，这是因为人与计算机的能力存在重大差异。计算机擅长快速、正确地进行大型计算，它们拥有巨大的内存，可以存储并检索千兆字节的信息。人类没有这种能力。所以我们需要使用不同的方法来验证人的身份。特别是，如果被认证的主体是个人（具有所有相关限制），我们已经讨论过的加密协议就不太适合。

所有人类身份验证的方法至少依赖于以下一种：

◆ 你所知道的（如密码）。这是用于人类的最常见的身份验证。我们每天都使用密码来访问我们的系统。不幸的是，你所知道的东西可能会变成你刚刚忘记的东西。如果你把它写下来，其他人可能会找到它。

◆ 你所拥有的（如智能卡）。这种形式的人类身份验证避免了人会遗忘所知道的东西的问题，但是现在，在你想要被身份验证的任何时候，都必须有一些物体与你在一起。这样的东西可能会被盗，然后变成攻击者拥有的东西。

◆ 你所特有的（如指纹）。利用被验证主体的固有特性进行身份验证。去失指纹比丢失钱包难多了。不幸的是，生物传感器相当昂贵，而且当前不太准确。

信息安全工程师机考试卷　第 2 套
应用技术卷参考答案/试题解析

试题一

【问题 1】

参考答案　网闸

试题解析　网闸是一种具有多种功能的硬件，用于控制两个安全域间的链路层连接，它在两个不同安全域之间通过协议转换的手段，以信息摆渡的方式实现数据交换。网闸的一个最主要特征就是内网与外网永远不连接，内网和外网在同一时间最多只有一个与网闸建立连接。比如 A 主机通过网闸与 B 主机物理隔离，如果 A 想向 B 传送数据，则 A 先与网闸建立连接，把数据传至网闸的数据暂存区后断开与网闸的连接，然后网闸与 B 建立连接，B 从数据暂存区读取数据。可见，主机对网闸的操作需要有写操作和读操作。

【问题 2】

参考答案　屏蔽子网体系结构

试题解析　常见的防火墙体系结构如下表所示。

常见的防火墙体系结构

体系结构类型	特点
双重宿主主机	以一台双重宿主主机作为防火墙系统的主体，将内外网分离
屏蔽主机	一台独立的路由器和内网堡垒主机构成防火墙系统，通过包过滤方式实现内外网隔离和内网保护
屏蔽子网	由 DMZ 网络、外部路由器、内部路由器以及堡垒主机构成防火墙系统。外部路由器保护 DMZ 和内网、内部路由器隔离 DMZ 和内网

本题中可以明显地看到存在防火墙 1、DMZ 网络和防火墙 2 等部分，因此拓扑图中的防火墙布局属于屏蔽子网的防火墙。

【问题 3】

参考答案　属于第一道防线。

试题解析　纵深防御模型的基本思路就是将多种网络安全防护措施有机组合起来，针对保护对象部署合适的安全措施，形成多道保护线，各安全防护措施能够互相支持和补救，尽可能地阻断攻击者的威胁。目前，安全业界认为一般网络需要建立 4 道防线：安全保护是网络的第一道防线，能够阻止对网络的入侵和危害；安全监测是网络的第二道防线，可以及时发现入侵和破坏；实时响应是网络的第三道防线，当攻击发生时维持网络“打不垮”；恢复是网络的第四道防线，使网络在遭受攻击后能以最快的速度“起死回生”，最大限度地降低安全事件带来的损失。防火墙1位于企业与互联网之间，是纵深防御模型的最外层，是安全保护的第一道防线，可阻止互联网对内网的入侵和危害。

【问题4】

参考答案 （1）黑名单 （2）filter （3）iptables -P FORWARD DROP 或者 iptables -t filter -P FORWARD DROP（注意参数中 P 的大小写，大写 P 表示策略，小写 p 表示协议；DROP 更改为 REJECT 也符合题意）

试题解析 （1）在回答本题之前，必须理解防火墙中“链”与“规则”的概念。通俗地说，当一个数据包到达防火墙时，防火墙需要判断要对这个数据包进行何种操作，可进行的操作分为5种：input（入墙）、output（出墙）、forward（转发）、prerouting（路由前）、postrouting（路由后），每一个操作称为一个“链”。为什么每种操作称为一个链呢？因为，当防火墙确定了要执行什么操作之后并不能马上进行这种操作，而是要检查这种操作下所附带的限制条件（即数据包满足什么条件才能被执行这种操作），这些限制条件可能有多条，它们形成一个有顺序的链条“挂”在操作的下面，因此操作也被称为“链”。

1）黑名单安全策略：链的默认策略为 ACCEPT，链中的规则对应的动作应该为 DROP 或者 REJECT，表示只有匹配到规则的报文才会被拒绝，没有被规则匹配到的报文都会被默认接受。

2）白名单安全策略：链的默认策略为 DROP，链中的规则对应的动作应该为 ACCEPT，表示只有匹配到规则的报文才会被放行，没有被规则匹配到的报文都会被默认拒绝。

图1-2中链的默认策略是 ACCEPT，因此防火墙采用的是黑名单策略。

（2）在 iptables 中内建的规则表有三个：nat、mangle 和 filter。nat 规则表拥有 prerouting 和 postrouting 两个规则链，主要功能是进行一对一、一对多、多对多等地址转换工作（snat、dnat），这个规则表使用非常频繁。mangle 规则表拥有 prerouting、forward 和 postrouting 三个规则链，这个规则表使用得很少。filter 规则表是默认规则表，拥有 input、forward 和 output 三个规则链，它用来进行数据包过滤的处理动作（如 drop、accept 或 reject 等），通常的基本规则都建立在此规则表中。

图1-2中的 iptables 的默认规则链是 INPUT、FORWARD 和 OUTPUT，所以应是 filter 表的相关信息。

（3）防火墙1和防火墙2连接的都是交换机，数据包需要经过路由判断后进行转发，如果不允许任何数据进入，则需要修改 FORWARD 规则链的默认策略为 DROP 或者 REJECT，命令如下：iptables -P FORWARD DROP 或者 iptables -t filter -P FORWARD DROP（DROP 更改为 REJECT 也符合题意）。

【问题5】

参考答案

（1）80 和 443

（2）iptables -t filter -P FORWARD DROP（DROP 更改为 REJECT 也符合题意）

iptables -t filter -A FORWARD -d 192.168.70.140 -p tcp --dport 80 -j ACCEPT iptables -t filter -A FORWARD -d 192.168.70.140 -p tcp --dport 443 -j ACCEPT

iptables -t filter -A FORWARD -d 192.168.70.140 -p tcp --sport 80 -j ACCEPT

iptables -t filter -A FORWARD -d 192.168.70.140 -p tcp --sport 443 -j ACCEPT

（3）255.255.255.0

（4）iptables -t filter -A FORWARD -s 192.168.11.2 -d 192.168.70.140/24 -p tcp --dport 22 -j ACCEPT

iptables -t filter -A FORWARD -s 192.168.70.140/24 -d 192.168.11.2 -p tcp --sport 22 -j ACCEPT

试题解析 （1）网站服务器提供的是 Web 服务，使用 HTTP 或 HTTPS，对应的默认端口是 80 和 443。

（2）首先设置 iptables 的默认规则为不允许任何数据包进入，即采用白名单策略，然后在 filter 表的 FORWARD 链中添加一条允许目标端口 80 和 443 的 TCP 服务。规则如下：

iptables -t filter -P FORWARD DROP（DROP 更改为 REJECT 也符合题意）

iptables -t filter -A FORWARD -d 192.168.70.140 -p tcp --dport 80 -j ACCEPT

iptables -t filter -A FORWARD -d 192.168.70.140 -p tcp --dport 443 -j ACCEPT

iptables -t filter -A FORWARD -d 192.168.70.140 -p tcp --sport 80 -j ACCEPT

iptables -t filter -A FORWARD -d 192.168.70.140 -p tcp --sport 443 -j ACCEPT

（3）王工计算机的 IP 地址位于信息安全部，计算机所在网段为192.168.11.1/24，/24 就是掩码，点分十进制表示为 255.255.255.0。

（4）SSH 协议是基于 TCP 的 22 号端口，所以在配置 iptables 需要设置源地址为王工办公电脑的 IP 地址、目标地址为 DMZ 区域所使用的 IP 地址、协议是 TCP 协议、目标端口是 22 的数据流允许通过的规则，以及一条反向允许通过的规则。即：

iptables -t filter -A FORWARD -s 192.168.11.2 -d 192.168.70.140/24 -p tcp --dport 22 -j ACCEPT

iptables -t filter -A FORWARD -s 192.168.70.140/24 -d 192.168.11.2 -p tcp --sport 22 -j ACCEPT

试题二

【问题 1】

参考答案 22

试题解析 安全外壳协议（Secure Shell，SSH）是目前较可靠、专为远程登录会话和其他网络服务提供安全性的协议，是创建在应用层和传输层基础上的加密隧道安全协议。SSH 基于 TCP 协议，端口号是 22。

【问题 2】

参考答案 Stelnet

试题解析 Stelnet 是 Secure Telnet 的简称。在一个传统的不安全的网络环境中，服务器通过对用户认证及双向的数据加密，为终端用户提供安全的 Telnet 服务。

【问题 3】

参考答案 （1）路径：/var/log/；名称：secure

（2）日志文件包含“Accepted password for humen”，可以判断登录成功。

试题解析 在 Linux 系统中，安全日志（/var/log/secure）存放了验证和授权方面的信息。例如，sshd 就会将所有信息记录（其中包括失败登录）在这里。

从系统的日志文件可以看到，有多条类似“Jul 23 09: 33: 51 humen sshd [5431] : Failed password for humen from192.168.107.130 port 42271 ssh2

Jul 23 09: 33: 51 humen sshd [5431] :Connection closed by authenticating user humen 192.168.107.130 port 42271 [preauth]”的日志。

从这些日志记录的情况来看是从同一个远程主机 192.168.107.130 同时向服务器发起 humen 用户的多个身份验证请求，并且每个请求的客户端端口不同，说明在该主机上可能启用了某种自动尝试输入密码的程序对 humen 用户的密码进行破解。并且从最后一条日志“Jul 23 09: 33: 54 humen sshd [5435] :Accepted password for humen from 192.168.107.130 port 45671 ssh2

Jul 23 09: 33: 54 humen sshd [5435] : pam_unix (sshd:auth) : session opened for user humen by (uid=0) ”可以看到用户已经测试密码成功，并且成功地建立了连接，说明攻击成功。

【问题 4】

参考答案 （1）/etc/ssh/sshd_config （2）>>表示向文件中追加内容

（3）600 （4）systemctl restart sshd （5）history -c

试题解析 （1）由于 Linux 系统中默认不允许使用免密登录，因此需要修改 SSHD 的配置文件，该文件位于/etc/ssh/sshd_config 中。

（2）Linux 系统中，命令中常用的>和>>表示命令的输出重定向到指定的文件。>表示覆盖原文件内容（文件的日期也会自动更新），>>表示追加内容（会另起一行，文件的日期也会自动更新）。

（3）数字权限基本命令格式：chmod abc file。其中，a、b、c 各为一个数字，分别表示 User、Group 及 Other 的三种角色的权限值。角色的权限值又等于 r、w、x 三个子权限值的和，可读时 r=4，可写时 w=2，可读可写时 x=1。因此三种角色的几种权限值如下：

若属性为 rwx，则对应的数字为 4+2+1=7；

若属性为 rw-，则对应的数字为 4+2=6；

若属性为 r-x，则对应的数字为 4+1=5。

本题中文件权限为 rw-，root 为文件所有者即 user，因此对应的数字权限为：600。

（4）Linux 系统服务管理的两种方式是 service 和 systemctl。systemd 是 Linux 系统最新的初始化系统，作用是提高系统的启动速度，尽可能启动较少的进程，尽可能让更多进程并发启动。systemd 对应的进程管理命令是 systemctl。

启动 sshd 服务命令：service sshd start 或者 systemctl start sshd。

停止 sshd 服务命令：service sshd stop 或者 systemctl stop sshd。

重启 sshd 服务命令：service sshd restart 或者 systemctl restart sshd。

（5）history 命令可以查看之前在控制台输入过的历史命令，而要清除这些历史命令信息可以使用 history -c 命令。

【问题 5】

参考答案 非对称密码体制

试题解析 Linux 系统中 SSH 认证中，使用的是非对称密码体制。当客户端确认 server 的公钥指纹后，server 端的公钥就会被存放到客户机的用户 home 目录里；客户端再次访问时，直接通过密码登录，不需要进行公钥确认。

客户端使用服务端公钥将自己的密码加密后发送给服务端，服务端收到客户端发过来的加密密码后使用服务端私钥进行解密，并将解密出来的密码和/etc/shadow 文件里的用户密码对比。如果相同，则服务端认证成功，返回登录成功信息，并发送一个随机会话口令给客户端，该口令用于之后两台主机进行数据传输的一个临时会话口令。

试题三

【问题 1】

参考答案 （1）应用层 （2）www.humen.com

（3）77 77 77 **05** 68 75 6d 65 6e **03** 63 6f 6d （4）192.168.229.133

试题解析

（1）域名系统的服务端程序在操作系统中通常是一个服务进程，该服务进程是一个应用程序，所以工作在 OSI 参考模型的应用层。

（2）从截图的信息中可以看到，第一个网络分组对应的内容是一个标准的 DNS 查询，查询的 A 记录是 www.humen.com，因此可知解析的域名就是www.humen.com。

（3）本题考查字符 ASCII 的十六进制表示形式，从图中最下方倒数第 3 行右半部分的最后 4 个字符是“hume”，可从左半部分对应位置找到对应的十六进制编码为“05 68 75 6d”，顺序下寻，可得 “.humen.com”对应的十六进制编码为：“05 68 75 6d 65 6e 03 63 6f 6d”。字母与 ASCII 编码是顺序对应的，从其他字母的编码，可推导出 w 的十六进制编码就为 77。

因此“www.humen.com”对应的代码是 77 77 77 05 68 75 6d 65 6e 03 63 6f 6d。

（4）从图中可以看到所有的 DNS 请求都是发往 192.168.299.133 的，并且对 DNS 请求的返回数据包也是从 192.168.229.133 发出的，因此 DNS 服务器的地址就是 192.168.229.133。

【问题 2】

参考答案 netstat -b

试题解析 Windows 系统下的 netstat 命令的参数非常多，其中参数-b 可以显示在创建每个连接或侦听端口时涉及的应用程序。

【问题 3】

参考答案

（1）DoS 攻击。

（2）发送大量域名请求 DNS 服务器进行解析，以期能够导致基于此 DNS 服务器的解析服务不能正常工作。

（3）可用性和可控性。

试题解析 CC（Challenge Collapsar)）攻击属于 DoS（Denial of Service）攻击的一种，也是通过发送大量的请求数据来导致服务器拒绝服务，是一种连接攻击。本题由图可知用户 192.168.229.1 不断地以不同的域名请求连接 DNS 服务器，从而可能导致 DNS 服务器负载过大而宕机，因此流量最有可能对应的恶意程序类型是 DoS 攻击。拒绝服务攻击违反的是信息安全的可用性和可控性。

【问题4】

参考答案 （1）filter；input、forward和output三条规则链

（2）iptables -L （3）iptables -a input -s 192.168.229.1/32 -dport 53 -j drop

试题解析 在iptables中内建的规则表有3个：nat、mangle和filter。当命令省略[-t table]时，默认的是filter。这3个规则表的功能如下：

（1）nat：此规则表拥有prerouting和postrouting两个规则链，主要功能是进行一对一、一对多、多对多等地址转换工作（snat、dnat），这个规则表在网络工程中使用得非常频繁。

（2）mangle：此规则表拥有prerouting、forward和postrouting三个规则链。除了进行网络地址转换外，还在某些特殊应用中改写数据包的ttl、tos的值等，这个规则表使用得很少。

（3）filter：这个规则表是默认规则表，拥有input、forward和output三个规则链，它是用来进行数据包过滤的处理动作（如drop、accept或reject等），通常的基本规则都建立在此规则表中。

命令iptables -L：用于列出某规则链中的所有规则。

【问题5】

参考答案 更隐蔽，不易被防火墙和基于http协议的拦截工具所拦截。

试题解析 DNS属于重要服务，大部分互联网的服务和应用依赖于DNS服务，限制DNS通信则可能会导致合法服务终端，所以企业防火墙通常配置为允许UDP端口53（由DNS使用）上的所有数据包，即DNS流量通常允许通过企业防火墙而无须深度检查或状态维护。这使得DNS协议成为数据泄密的隐蔽通道。尽管DNS通道速率不高，但仍可以构建隧道，传输SSH、FTP命令。基于这种方式的攻击，活动可靠且难以跟踪。

试题四

【问题1】

参考答案 （1）权限声明机制 （2）应用程序签名机制

（3）安全沙箱 （4）地址空间布局随机化

试题解析

（1）应用程序层安全机制有：接入权限限制、保障代码安全。

（2）应用程序框架层安全机制有：应用程序签名。

（3）系统运行库层安全机制有：网络安全、采用SSL/TSL加密通信、虚拟机安全。

（4）Linux内核层安全机制有：ACL权限机制、集成的SELinux模块、地址空间布局随机化等。

【问题2】

参考答案 （1）Manifest.xml

（2）MICROPHONE、SMS、LOCATION、PHONE、STORAGE （3）service

试题解析

（1）Android应用的权限主要是在Manifest.xml中声明，以防止应用程序错误地使用服务、不恰当地访问资源。

（2）按照《信息安全技术 移动互联网应用程序（App）收集个人信息基本要求》（GB/T 41391—2022），网络约车服务的最小必要信息有法律法规允许的个人信息（网络访问日志、手机号码、用

户发布的信息内容、身份认证信息、订单日志、上网日志、行驶轨迹日志、交易信息），实现服务所需的个人信息（账号、口令、位置信息、第三方支付信息、客服沟通记录和内容）。

要能使用基于地理位置应用的服务，需要有 LOCATION 权限；要能处理客服相关信息，需要有通话录音和聊天等相关消息，同时还需要获取手机号码等信息，所以需要 MICROPHONE、PHONE、SMS 权限；读取行驶轨迹和日志信息，需要有 STORAGE 权限。

（3）当一个应用要使用服务时，必须在应用的清单文件中声明。要声明服务，必须添加 <service> 元素作为 <application> 元素的子元素。例如：

```
<manifest ... >
  ...
  <application ... >
      <service  android:name=".ExampleService" />
      ...
  </application>
</manifest>
```

可将其他属性包括在 <service> 元素中，以定义一些特性，如启动服务及其运行所在进程所需的权限。android:name 属性是唯一必需的属性，用于指定服务的类名。

【问题 3】

参考答案　（1）Content Providers　（2）Activities　（3）Broadcast Receiver

试题解析　应用程序框架层集中了很多 Android 开发需要的组件，其中最主要的就是 Activities、Broadcast Receiver、Services 及 Content Providers。组件之间的消息传递通过 Intent 完成。

Activity 是用户和应用程序交互的窗口，相当于 Web 应用中的网页，用于显示信息。一个 Android 应用程序由一个或多个 Activity 组成。基于界面劫持攻击主要是针对 Activities。

Service 和 Activity 类似，但没有视图。它是没有用户界面的程序，可以后台运行，相当于操作系统中的服务。

BroadcastReceiver 称为“广播接收者”，接收系统和应用程序的广播并回应。Android 系统中，系统变化比如开机完成、网络状态变化、电量改变等都会产生广播。Broadcast Receiver 本质上是一种全局的监听器，用于监听系统全局的广播消息，因此短信拦截攻击是针对 Broadcast Receiver。

Content Providers 主要用于对外共享数据。应用数据通过 Content Providers 共享给其他应用；其他应用通过 Content Providers 对指定应用中的数据进行操作。因此对目录遍历攻击，主要是针对 Content Providers。

【问题 4】

参考答案　①　②　③　④

试题解析　Android 系统提供了 4 种数据存储方式，分别是 SharedPreferences、SQLite、Content Provider 和 File。SQLite 属于轻量级数据库，支持基本的 SQL 语法，属于常用的数据存储方式；SharedPreferences 本质是一个 xml 文件，常用于存储较简单的参数；File 是文件存储方法，用于存储大量的数据，但数据更新困难；ContentProvider 是 Android 系统中所有应用程序共享数据存储的方式。

信息安全工程师机考试卷　第3套
基础知识卷

- 常见的信息安全基本属性有：机密性、完整性、可用性、抗抵赖性和可控性等。其中合法许可的用户能够及时获取网络信息或服务的特性，是指信息安全的__（1）__。

（1）A．机密性　　B．完整性　　C．可用性　　D．可控性

- 2010年，首次发现针对工控系统实施破坏的恶意代码Stuxnet（简称“震网”病毒），“震网”病毒攻击的是伊朗核电站西门子公司的__（2）__系统。

（2）A．Microsoft WinXP　　B．Microsoft Win7
C．Google Android　　D．SIMATIC WinCC

- 要实现网络信息安全的基本目标，网络应具备__（3）__等基本功能。

（3）A．预警、认证、控制、响应　　B．防御、监测、应急、恢复
C．延缓、阻止、检测、限制　　D．可靠、可用、可控、可信

- 为防范国家数据安全风险，维护国家安全，保护公共利益，2021年7月，中国网络安全审查办公室发布公告，对一批互联网App开展网络安全审查。此次审查依据的国家相关法律法规是__（4）__。

（4）A．《中华人民共和国网络安全法》和《中华人民共和国国家安全法》
B．《中华人民共和国网络安全法》和《中华人民共和国密码法》
C．《中华人民共和国数据安全法》和《中华人民共和国网络安全法》
D．《中华人民共和国数据安全法》和《中华人民共和国国家安全法》

- 2021年6月10日，第十三届全国人民代表大会常务委员会第二十九次会议表决通过了《中华人民共和国数据安全法》，该法律自__（5）__起施行。

（5）A．2021年9月1日　　B．2021年10月1日
C．2021年11月1日　　D．2021年12月1日

- 根据网络安全等级保护2.0的要求，对云计算实施安全分级保护。围绕“一个中心，三重防护”的原则，构建云计算安全等级保护框架。其中一个中心是指安全管理中心，三重防护包括：计算环境安全、区域边界安全和通信网络安全。以下安全机制属于安全管理中心的是__（6）__。

（6）A．应用安全　　B．安全审计　　C．Web服务　　D．网络访问

- 《中华人民共和国密码法》由中华人民共和国第十三届全国人民代表大会常务委员会第十四次会议于2019年10月26日通过，已于2020年1月1日起施行。《中华人民共和国密码法》规定国家对密码实行分类管理，密码分为__（7）__。

（7）A．核心密码、普通密码和商用密码　　B．对称密码、公钥密码和哈希算法

C．国际密码、国产密码和商用密码　　D．普通密码，涉密密码和商用密码

● 现代操作系统提供的金丝雀（Canary）漏洞缓解技术属于（8）。

（8）A．数据执行阻止　B．SEHOP　C．堆栈保护　D．地址空间随机化技术

● 《关键信息基础设施安全保护条例》在法律责任部分，细化了在安全保护全过程中各个环节违反相应条例的具体处罚措施。以下说法错误的是（9）。

（9）A．在安全事故发生之前，运营者应当对关键信息基础设施的安全保护措施进行规划建设。在安全事故发生后，运营者未报告相关部门的，也会处以相应的罚金

B．对于受到治安管理处罚的人员，3 年内不得从事网络安全管理和网络安全运营关键岗位的工作

C．对于受到刑事处罚的人员，终身不得从事网络安全管理和网络安全运营关键岗位的工作

D．网信部门、公安机关、保护工作部门和其他有关部门及其工作人员未履行相关职责或者玩忽职守、滥用职权、徇私舞弊的，或者发生重大责任事故的，会对相关监管、保护和服务人员给予处分，严重者追究法律责任

● 网络攻击行为分为主动攻击和被动攻击，主动攻击一般是指攻击者对被攻击信息的修改，而被动攻击主要是收集信息而不进行修改等操作，被动攻击更具有隐蔽性。以下网络攻击中，属于被动攻击的是（10）。

（10）A．重放攻击　B．假冒攻击　C．拒绝服务攻击　D．窃听

● 数字签名是对以数字形式存储的消息进行某种处理，产生一种类似于传统手书签名功效的信息处理过程，一个数字签名机制包括：施加签名和验证签名。其中 SM2 数字签名算法的设计是基于（11）。

（11）A．背包问题　B．椭圆曲线问题

C．大整数因子分解问题　D．离散对数问题

● 由于 Internet 规模太大，常把它划分成许多小的自治系统，通常把自治系统内部的路由协议称为内部网关协议，自治系统之间的协议称为外部网关协议。以下属于外部网关协议的是（12）。

（12）A．RIP　B．OSPF　C．BGP　D．UDP

● Sniffer 可以捕获到达主机端口的网络报文。Sniffer 分为软件和硬件两种，以下工具属于硬件的是（13）。

（13）A．NetXray　B．Packetboy　C．Netmonitor　D．协议分析仪

● 所有资源只能由授权方或以授权的方式进行修改，即信息未经授权不能进行改变的特性是指信息的（14）。

（14）A．完整性　B．可用性　C．保密性　D．不可抵赖性

● 在 Windows 操作系统下，要获取某个网络开放端口所对应的应用程序信息，可以使用命令（15）。

（15）A．ipconfig　B．traceroute　C．netstat　D．nslookup

● 报文内容认证使接收方能够确认报文内容的真实性，产生认证码的方式不包括（16）。

（16）A．报文加密　B．数字水印　C．MAC　D．HMAC

● VPN 即虚拟专用网，是一种依靠 ISP 和其他 NSP 在公用网络中建立专用的、安全的数据通信

通道的技术。以下关于虚拟专用网（VPN）的描述中，错误的是__（17）__。

（17）A．VPN 采用隧道技术实现安全通信
　　B．第 2 层隧道协议 L2TP 主要由 LAC 和 LNS 构成
　　C．IPSec 可以实现数据的加密传输
　　D．点对点隧道协议（PPTP）中的身份验证机制包括 RAP、CHAP、MPPE

- 雪崩效应指明文或密钥的少量变化会引起密文的很大变化。下列密码算法中不具有雪崩效应的是__（18）__。

（18）A．AES　B．MD5　C．RC4　D．RSA

- 移动终端设备常见的数据存储方式包括：①SharedPreferences；②文件存储；③SQLite 数据库；④ContentProvider；⑤网络存储。Android 系统支持的数据存储方式包括__（19）__。

（19）A．①②③④⑤　B．①③⑤　C．①②④⑤　D．②③⑤

- 数字水印技术通过在数字化的多媒体数据中嵌入隐蔽的水印标记，可以有效实现对数字多媒体数据的版权保护等功能。数字水印的解释攻击是以阻止版权所有者对所有权的断言为攻击目的。以下不能有效地解决解释攻击的方案是__（20）__。

（20）A．引入时间戳机制
　　B．引入验证码机制
　　C．作者在注册水印序列的同时对原作品加以注册
　　D．利用单向水印方案消除水印嵌入过程中的可逆性

- 僵尸网络是指采用一种或多种传播手段，将大量主机感染 bot 程序，从而在控制者和被感染主机之间形成的一个可以一对多控制的网络。以下不属于僵尸网络传播过程常见方式的是__（21）__。

（21）A．主动攻击漏洞　B．恶意网站脚本　C．字典攻击　D．邮件病毒

- 计算机取证分析工作中常用到包括密码破译、文件特征分析技术、数据恢复与残留数据分析、日志记录文件分析、相关性分析等技术，其中文件特征包括文件系统特征、文件操作特征、文件格式特征、代码或数据特征等。某单位网站被黑客非法入侵并上传了 Webshell，作为安全运维人员应首先从__（22）__入手。

（22）A．Web 服务日志　B．系统日志
　　C．防火墙日志　D．交换机日志

- 操作系统的安全机制是指在操作系统中利用某种技术、某些软件来实施一个或多个安全服务的过程。操作系统的安全机制不包括__（23）__。

（23）A．标识与鉴别机制　B．访问控制机制
　　C．密钥管理机制　D．安全审计机制

- 恶意代码是指为达到恶意目的而专门设计的程序或代码，恶意代码的一般命名格式为：<恶意代码前缀>.<恶意代码名称>.<恶意代码后缀>，常见的恶意代码包括：系统病毒、网络蠕虫、特洛伊木马、宏病毒、后门程序、脚本病毒、捆绑机病毒等。以下属于脚本病毒前缀的是__（24）__。

（24）A．Worm　B．Trojan　C．Binder　D．Script

- 蜜罐技术是一种主动防御技术，是入侵检测技术的一个重要发展方向。蜜罐有 4 种不同的配置方式：诱骗服务、弱化系统、强化系统和用户模式服务器，其中在特定 IP 服务端口进行侦听，

并对其他应用程序的各种网络请求进行应答，这种应用程序属于__（25）__。

（25）A．诱骗服务　B．弱化系统　C．强化系统　D．用户模式服务器

- 已知 DES 算法 S 盒如下，如果该 S 盒的输入为 001011，则其二进制输出为__（26）__。

	0	1	2	3	4	5	6	7	8	9	10	11	12	13	14	15
0	12	1	10	15	9	2	6	8	0	13	3	4	14	7	5	11
1	10	15	4	2	7	12	9	5	6	1	13	14	0	11	3	8
2	9	14	15	5	2	8	12	3	7	0	4	10	1	13	11	6
3	4	3	2	12	9	5	15	10	11	14	1	7	6	0	8	13

（26）A．1011　B．1100　C．0011　D．1101

- 域名系统（DNS）的功能是把 Internet 中的主机域名解析为对应的 IP 地址，目前顶级域名（TLD）有国家顶级域名、国际顶级域名、通用顶级域名三大类。最早的顶级域名中，表示非营利组织域名的是__（27）__。

（27）A．net　B．org　C．mil　D．biz

- SMTP 是电子邮件传输协议，采用客户服务器的工作方式，在传输层使用 TCP 协议进行传输。SMTP 发送协议中，传送报文文本的指令是__（28）__。

（28）A．HELO　B．HELP　C．SEND　D．DATA

- 有线等效保密协议 WEP 是 IEEE 802.11 标准的一部分，其为了实现机密性采用的加密算法是__（29）__。

（29）A．DES　B．AES　C．RC4　D．RSA

- 片内操作系统（COS）是智能卡芯片内的一个监控软件，一般由通信管理模块、安全管理模块、应用管理模块和文件管理模块 4 个部分组成。其中对接收命令进行可执行判断属于__（30）__。

（30）A．通信管理模块　B．安全管理模块　C．应用管理模块　D．文件管理模块

- 在 PKI 中，X.509 数字证书的内容不包括__（31）__。

（31）A．加密算法标识　B．签名算法标识
　　C．版本号　D．主体的公开密钥信息

- SM4 算法是国家密码管理局于 2012 年 3 月 21 日发布的一种分组密码算法，在我国商用密码体系中，SM4 主要用于数据加密。SM4 算法的分组长度和密钥长度分别为__（32）__。

（32）A．128 位和 64 位　B．128 位和 128 位
　　C．256 位和 128 位　D．256 位和 256 位

- 在 PKI 体系中，注册机构（RA）的功能不包括__（33）__。

（33）A．签发证书　B．认证注册信息的合法性
　　C．批准证书的申请　D．批准撤销证书的申请

- 下列关于数字签名的说法中，正确的是__（34）__。

（34）A．验证和解密过程相同　B．数字签名不可改变
　　C．验证过程需要用户私钥　D．数字签名不可信

- 2001年11月26日，美国政府正式颁布AES为美国国家标准。AES算法的分组长度为128位，其可选的密钥长度不包括__(35)__。

（35）A．256位　　B．192位　　C．128位　　D．64位

- 以下关于BLP安全模型的表述中，错误的是__(36)__。

（36）A．BLP模型既有自主访问控制，又有强制访问控制
　　B．BLP模型是一个严格形式化的模型，并给出了形式化的证明
　　C．BLP模型控制信息只能由高向低流动
　　D．BLP是一种多级安全策略模型

- 以下无线传感器网络（WSN）标准中，不属于工业标准的是__(37)__。

（37）A．ISA100.11a　　B．WIA-PA　　C．Zigbee　　D．WirelessHART

- 按照行为和功能特性，特洛伊木马可以分为远程控制型木马、信息窃取型木马和破坏型木马等。以下不属于远程控制型木马的是__(38)__。

（38）A．冰河　　B．彩虹桥　　C．PCShare　　D．Trojan-Ransom

- 数据库恢复是在故障引起数据库瘫痪以及状态不一致以后，将数据库恢复到某个正确状态或一致状态。数据库恢复技术一般有4种策略：基于数据转储的恢复、基于日志的恢复、基于检测点的恢复、基于镜像数据库的恢复，其中数据库管理员定期地将整个数据库复制到磁带或另一个磁盘上保存起来，当数据库失效时，取最近一次的数据库备份来恢复数据的技术称为__(39)__。

（39）A．基于数据转储的恢复　　B．基于日志的恢复
　　C．基于检测点的恢复　　D．基于镜像数据库的恢复

- FTP是一个交互会话的系统，在进行文件传输时，FTP的客户和服务器之间需要建立两个TCP连接，分别是__(40)__。

（40）A．认证连接和数据连接　　B．控制连接和数据连接
　　C．认证连接和控制连接　　D．控制连接和登录连接

- 蠕虫是一类可以独立运行、并能将自身的一个包含了所有功能的版本传播到其他计算机上的程序。网络蠕虫可以分为：漏洞利用类蠕虫、口令破解类蠕虫、电子邮件类蠕虫、P2P类蠕虫等。以下不属于漏洞利用类蠕虫的是__(41)__。

（41）A．CodeRed　　B．Slammer　　C．Blaster　　D．IRC-Worm

- 防火墙的体系结构中，屏蔽子网体系结构主要由4个部分构成：周边网络、外部路由器、内部路由器和堡垒主机。其中被称为屏蔽子网体系结构第一道屏障的是__(42)__。

（42）A．周边网络　　B．外部路由器　　C．内部路由器　　D．堡垒主机

- 等级保护2.0对于应用和数据安全，特别增加了个人信息保护的要求。以下关于个人信息保护的描述中，错误的是__(43)__。

（43）A．应仅采集和保存业务必需的用户个人信息
　　B．应禁止未授权访问和使用用户个人信息
　　C．应允许对用户个人信息的访问和使用
　　D．应制定有关用户个人信息保护的管理制度和流程

- Snort是一款开源的网络入侵检测系统，能够执行实时流量分析和IP协议网络的数据包记录。

以下不属于 Snort 主要配置模式的是＿（44）＿。

（44）A．嗅探　　B．审计　　C．包记录　　D．网络入侵检测

● 目前，计算机及网络系统中常用的身份认证技术有：用户名/密码方式、智能卡认证、动态口令、生物特征认证等。其中不属于生物特征的是＿（45）＿。

（45）A．指纹　　B．面部识别　　C．虹膜　　D．击键特征

● 信息系统受到破坏后，会对社会秩序和公共利益造成特别严重损害，或者对国家安全造成严重损害，按照计算机信息系统安全等级保护的相关要求，应定义为＿（46）＿。

（46）A．第一级　　B．第二级　　C．第三级　　D．第四级

● Web 服务器也称为网站服务器，可以向浏览器等 Web 客户端提供文档，也可以放置网站文件和数据文件。目前最主流的 3 个 Web 服务器是 Apache、Nginx、IIS。Web 服务器都会受到 HTTP 协议本身安全问题的困扰，这种类型的信息系统安全漏洞属于＿（47）＿。

（47）A．设计型漏洞　　B．开发型漏洞
C．运行型漏洞　　D．代码型漏洞

● 《计算机信息系统 安全保护等级划分准则》（GB17859—1999）中规定了计算机系统安全保护能力的 5 个等级，其中要求计算机信息系统可信计算基满足访问监控器需求的是＿（48）＿。

（48）A．系统审计保护级　　B．安全标记保护级
C．结构化保护级　　D．访问验证保护级

● 在需要保护的信息资产中，＿（49）＿是最重要的。

（49）A．环境　　B．硬件　　C．数据　　D．软件

● 重放攻击是指攻击者发送一个目的主机已接收过的包，来达到欺骗系统的目的。下列技术中，不能抵御重放攻击的是＿（50）＿。

（50）A．序号　　B．明文填充　　C．时间戳　　D．Nonce

● 为了应对日益严重的垃圾邮件问题，服务提供商设计和应用了各种垃圾邮件过滤机制，以下耗费计算资源最多的垃圾邮件过滤机制是＿(51)＿。

（51）A．SMTP 身份认证　　B．反向名字解析
C．内容过滤　　D．黑名单过滤

● 在信息系统安全设计中，保证"信息及时且可靠地被访问和使用"是为了达到保障信息系统＿（52）＿的目标。

（52）A．可用性　　B．保密性　　C．可控性　　D．完整性

● 数字水印技术是指在数字化的数据内容中嵌入不明显的记号，被嵌入的记号通常是不可见的或者不可察觉的，但是通过计算操作能够实现对该记号的提取和检测。数字水印不能实现＿（53）＿。

（53）A．证据篡改鉴定　　B．数字信息版权保护
C．图像识别　　D．电子票据防伪

● 安全套接字层超文本传输协议 HTTPS 在 HTTP 的基础上加入了 SSL 协议，网站的安全协议是 HTTPS 时，该网站浏览时会进行＿（54）＿处理。

（54）A．增加访问标记　　B．身份隐藏　　C．口令验证　　D．加密

● Wi-Fi 无线网络加密方式中，安全性最好的是 WPA-PSK/WPA2-PSK，其加密过程采用了 TKIP

和（55）。

（55）A. AES　B. DES　C. IDEA　D. RSA

● 涉及国家安全、国计民生、社会公共利益的商用密码产品与使用网络关键设备和网络安全专用产品的商用密码服务实行（56）检测认证制度。

（56）A. 备案式　B. 自愿式　C. 鼓励式　D. 强制性

● 从对信息的破坏性上看，网络攻击可以分为被动攻击和主动攻击，以下属于被动攻击的是（57）。

（57）A. 伪造　B. 流量分析　C. 拒绝服务　D. 中间人攻击

● 密码工作是党和国家的一项特殊重要工作，直接关系国家政治安全、经济安全、国防安全和信息安全。《中华人民共和国密码法》的通过对全面提升密码工作法治化水平起到了关键性作用。《中华人民共和国密码法》规定国家对密码实行分类管理，密码分类中不包含（58）。

（58）A. 核心密码　B. 普通密码　C. 商用密码　D. 国产密码

● 工业控制系统是由各种自动化控制组件和实时数据采集、监测的过程控制组件共同构成的，工业控制系统安全面临的主要威胁不包括（59）。

（59）A. 系统漏洞　B. 网络攻击　C. 设备故障　D. 病毒破坏

● 资产管理是信息安全管理的重要内容，而清楚地识别信息系统相关的资产，并编制资产清单是资产管理的重要步骤。以下关于资产清单的说法中，错误的是（60）。

（60）A. 资产清单的编制是风险管理的一个重要先决条件

B. 信息安全管理中所涉及的信息资产，即业务数据、合同协议、培训材料等

C. 在制订资产清单的时候应根据资产的重要性、业务价值和安全分类，确定与资产重要性相对应的保护级别

D. 资产清单中应当包括将资产从灾难中恢复而需要的信息，如资产类型、格式、位置、备份信息、许可信息等

● 身份认证是证实客户的真实身份与其所声称的身份是否相符的验证过程。下列各种协议中，不属于身份认证协议的是（61）。

（61）A. IPSec 协议　B. S/Key 口令协议　C. X.509 协议　D. Kerberos 协议

● 恶意代码是指为达到恶意目的而专门设计的程序或者代码。常见的恶意代码类型有：特洛伊木马、蠕虫、病毒、后门、Rootkit、僵尸程序、广告软件。以下恶意代码中，属于宏病毒的是（62）。

（62）A. Trojan.Bank　B. Macro.Melissa　C. Worm.Blaster.g　D. Trojan.huigezi.a

● 以下不属于网络安全控制技术的是（63）。

（63）A. VPN 技术　B. 容灾与备份技术　C. 入侵检测技术　D. 信息认证技术

● 在安全评估过程中，采取（64）手段，可以模拟黑客入侵过程，检测系统安全脆弱性。

（64）A. 问卷调查　B. 人员访谈　C. 渗透测试　D. 手工检查

● 一个密码系统至少由明文、密文、加密算法、解密算法和密钥 5 个部分组成，而其安全性是由（65）决定的。

（65）A. 加密算法　B. 解密算法　C. 加解密算法　D. 密钥

● 密码学的基本安全目标主要包括：保密性、完整性、可用性和不可抵赖性。其中确保信息仅被

合法用户访问，而不被泄露给非授权的用户、实体或过程，或供其利用的特性是指__（66）__。

（66）A．保密性　　B．完整性　　C．可用性　　D．不可抵赖性

- 等级保护 2.0 强化了对外部人员的管理要求，包括外部人员的访问权限、保密协议的管理要求。以下表述中，错误的是__（67）__。

（67）A．应确保在外部人员接入网络访问系统前先提出书面申请，批准后由专人开设账号、分配权限，并登记备案

B．外部人员离场后应及时清除其所有的访问权限

C．获得系统访问授权的外部人员应签署保密协议，不得进行非授权操作，不得复制和泄露任何敏感信息

D．获得系统访问授权的外部人员，离场后可保留远程访问权限

- 根据加密和解密过程所采用密钥的特点可以将加密算法分为对称加密算法和非对称加密算法两类，以下属于对称加密算法的是__（68）__。

（68）A．RSA　　B．MD5　　C．IDEA　　D．SHA-128

- 移位密码的加密对象为英文字母，移位密码采用对明文消息的每一个英文字母向前推移固定 key 位的方式实现加密。设 key=6，则明文“SEC”对应的密文为__（69）__。

（69）A．YKI　　B．ZLI　　C．XJG　　D．MYW

- 国家密码管理局发布的《无线局域网产品须使用的系列密码算法》中规定密钥协商算法应使用的是__（70）__。

（70）A．PKI　　B．DSA　　C．CPK　　D．ECDH

- Symmetric-key cryptosystems use the __（71）__ key for encryption and decryption of a message，though a message or group of messages may have a different key than others. A significant disadvantage of symmetric ciphers is the key management necessary to use them securely. Each distinct pair of communicating parties must, ideally, share a different key, and perhaps each ciphertext exchanged as well. The number of keys required increases as the square of the number of network members， which very quickly requires complex key management schemes to keep them all straight and secret. The difficulty of securely establishing a secret __（72）__ between two communicating parties， when a secure channel doesn't already exist between them, also presents a chicken-and-egg problem which is a considerable practical obstacle for cryptography users in the real world.

Whitfield Diffie and Martin Hellman, authors of the first paper on public-key cryptography. In a groundbreaking 1976 paper,Whitfield Diffie and Martin Hellman proposed the notion of public-key (also, more generally, called asymmetric key) cryptography in which two different but mathematically related keys are used — a public key and a private key.A public key system is so constructed that calculation of one key (the private key) is computationally infeasible __（73）__ the other (the public key), even though they are necessarily related. Instead, both keys are generated secretly, as an interrelated pair. The historian David Kahn described public-key cryptography as “the most revolutionary new concept in the field since poly-alphabetic substitution emerged in the Renaissance”.

In public-key cryptosystems, the __(74)__ key may be freely distributed, while its paired private key must remain secret. The public key is typically used for encryption, while the private or secret key is used for decryption. Diffie and Hellman showed that public-key cryptography was possible by presenting the Diffie-Hellman key exchange protocol.

In 1978, Ronald Rivest, Adi Shamir, and Len Adleman invented __(75)__, another public-key system.

In 1997, it finally became publicly known that asymmetric key cryptography had been invented by James H.Ellis at GCHQ, a British intelligence organization, and that, in the early 1970s，both the Diffie-Hellman and RSA algorithms had been previously developed (by Malcolm J.Williamson and Clifford Cocks, respectively) .

(71) A. different　B. same　C. public　D. private
(72) A. plaintext　B. stream　C. ciphertext　D. key
(73) A. from　B. in　C. to　D. of
(74) A. public　B. private　C. symmetric　D. asymmetric
(75) A. DES　B. AES　C. RSA　D. IDEA

信息安全工程师机考试卷　第 3 套
应用技术卷

试题一（共 14 分）

阅读下列说明和图，回答【问题 1】至【问题 5】。

【说明】在某政府单位信息中心工作的李工要负责网站的设计和开发工作。为了确保部门新业务的顺利上线，李工邀请信息安全部门的王工按照等级保护 2.0 的要求对其开展安全测评。李工提供网站的网络拓扑图如图 1-1 所示。图中，网站服务器的 IP 地址是 192.168.70.140，数据库服务器的 IP 地址是 192.168.70.141。

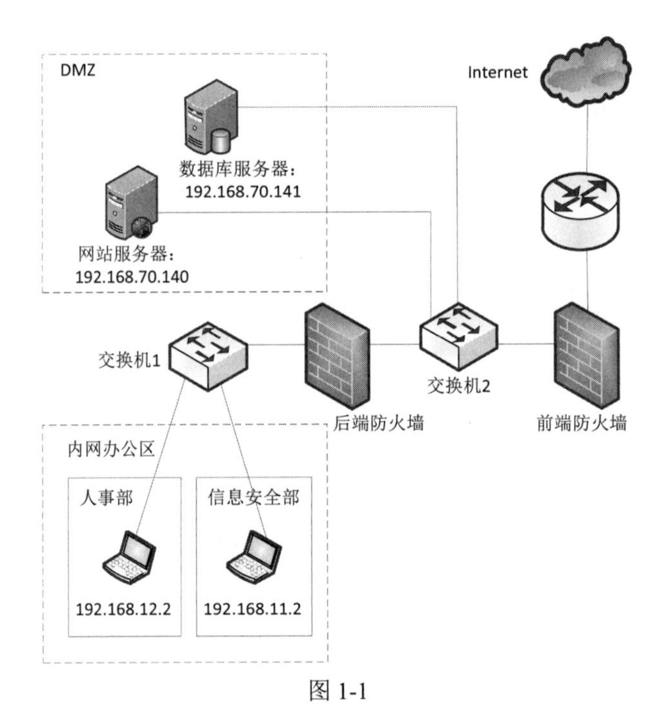

图 1-1

王工接到网站安全测评任务以后，决定在内网办公区的信息安全部开展各项运维工作，王工使用的办公电脑 IP 地址为 192.168.11.2。

【问题 1】（2 分）

按照等级保护 2.0 的要求，政府网站的定级不应低于几级？该等级的测评每几年开展一次？

【问题2】（4分）

按照网络安全测评的实施方式，测评主要包括安全功能检测、安全管理检测、代码安全审查、安全渗透、信息系统攻击测试等。王工调阅了部分网站后台处理代码，发现网站某页面的数据库查询代码存在安全漏洞，代码如下：

```
1 <?php
2 if(isset($_GET['Submit'])) {
3
4     //Retrieve data
5     $id = $_GET['id'];
6
7     $getid = "SELECT first_name, last_name FROM users WHRER user_id = '$id' ";
8     $result = mysql_query($getid) or die('<pre>' . mysql_error() . '<pre>');
9
10    $num =mysql_numrows($result);
11
12    $i = 0;
13    while($i < $num){
14
15            $first = mysql_result($result, $i, "first_name");
16            $last = mysql_result($result, $i, "last_name");
17
18            ehco '<pre>'
19            ehco 'ID:' . $id . '<br>First name:' .$first . '<br>Surname: ' .$last;
20            ehco '<pre>'
21
22            $i++;
23        }
24 }
25 ?>
```

（1）请问上述代码存在哪种漏洞？

（2）为了进一步验证自己的判断，王工在该页面的编辑框中输入了漏洞测试语句，发起测试。请问王工最有可能输入的测试语句对应以下哪个选项？

A．or 1=1--order by 1　　　　B．1 or '1'='1'=1 order by 1#

C．1' or 1=1 order by 1#　　　　D．1'and '1'='2' order by 1#

（3）根据上述代码，网站后台使用的是哪种数据库系统？

（4）王工对数据库中保存口令的数据表进行检查的过程中发现口令为明文保存，遂给出整改建议，建议李工对源码进行修改，以加强口令的安全防护，降低敏感信息泄露风险。下面给出的4种在数据库中保存口令信息的方法，李工在安全实践中应采用哪一种方法？

A．Base64　　B．MD5　　C．哈希加盐　　D．加密存储

【问题3】（1分）

按照等级保护2.0的要求，系统当中没有必要开放的服务应当尽量关闭。王工在命令行窗口运行了一条命令，查询端口开放情况。请给出王工所运行命令的名字。

【问题 4】（1 分）

防火墙是网络安全区域边界保护的重要技术，防火墙防御体系结构有基于双宿主机防火墙、基于代理型防火墙和基于屏蔽子网的防火墙。图 1-1 拓扑图中的防火墙布局属于哪种体系结构类型？

【问题 5】（6 分）

根据李工提供的网络拓扑图，王工建议部署开源的 Snort 入侵检测系统以提高整体的安全检测和态势感知能力。

（1）针对王工的建议，李工查阅了入侵检测系统的基本组成和技术原理等资料。请问以下有关 Snort 入侵检测系统的描述哪两项是正确的？（1 分）

A．基于异常的检测系统　　B．基于误用的检测系统

C．基于网络的入侵检测系统　　D．基于主机的入侵检测系统

（2）为了部署 Snort 入侵检测系统，李工应该把入侵检测系统连接到图 1-1 网络拓扑中的哪台交换机？（1 分）

（3）李工还需要把网络流量导入入侵检测系统才能识别流量中的潜在攻击。图 1-1 中使用的均为华为交换机，李工要将交换机网口 GigabitEthernet1/0/2 的流量镜像到部署 Snort 的网口 GigabitEthernet1/0/1 上，他应该选择下列选项中哪一个配置？（1 分）

A．observe-port 1 interface GigabitEthernet1/0/2
　　interface GigabitEthernet1/0/1
　　port-mirroring to observe-port 1 inbound/outbound/both

B．observe-port 2 interface GigabitEthernet1/0/2
　　interface GigabitEthernet1/0/1
　　port-mirroring to observe-port 1 inbound/outbound/both

C．port-mirroring to observe-port 1 inbound/outbound/both
　　observe-port 1 interfaceGigabitEthernet1/0/2
　　interface GigabitEthernet1/0/1

D．observe-port 1 interface GigabitEthernet1/0/1
　　interface GigabitEthernet1/0/2
　　port-mirroring to observe-port 1 inbound/outbound/both

（4）Snort 入侵检测系统部署不久，就发现了一起网络攻击。李工打开攻击分组查看，发现很多字符看起来不像是正常字母，如图 1-2 所示，请问该用哪种编码方式去解码该网络分组内容？（1 分）

```
0050  68 75 6d 65 6e 2f 3f 69  64 3d 31 25 45 32 25 38   humen/?i d=1%E2%8
0060  30 25 39 39 2b 75 6e 69  6f 6e 2b 73 65 6c 65 63   0%99+uni on+selec
0070  74 2b 31 25 32 43 32 2b  25 32 33 26 53 75 62 6d   t+1%2C2+ %23&Subm
0080  69 74 3d 53 75 62 6d 69  74 26 75 73 65 72 5f 74   it=Submi t&user_t
0090  6f 6b 65 6e 3d 31 30 34  38 39 34 34 30 35 63 62   oken=104 894405cb
00a0  62 37 32 39 34 62 34 63  64 33 36 61 62 66 66 65   b7294b4c d36abffe
00b0  62 37 36 30 32 20 48 54  54 50 2f 31 2e 31 0d 0a   b7602 HT TP/1.1··
00c0  48 6f 73 74 3a 20 31 39  32 2e 31 36 38 2e 37 30   Host: 19 2.168.70
00d0  2e 31 34 30 0d 0a 43 6f  6e 6e 65 63 74 69 6f 6e   .140··Co nnection
00e0  3a 20 6b 65 65 70 2d 61  6c 69 76 65 0d 0a 55 70   : keep-a live··Up
```

图 1-2

第 3 套

（5）针对如图 1-2 所示的网络分组，李工查看了该攻击对应的 Snort 检测规则，以便更好地掌握 Snort 入侵检测系统的工作机制。请完善以下规则，填充（a）、（b）空白处的内容。（2 分）

＿（a）＿ tcp any any -> any any (msg:"XXX";content:" ＿（b）＿ ";nocase;sid:1106;)

试题二（共 20 分）

阅读下列说明，回答【问题 1】至【问题 8】。

【说明】密码学作为信息安全的关键技术，在信息安全领域有着广泛的应用。密码学中，根据加密和解密过程所采用密钥的特点可以将密码算法分为两类：对称密码算法和非对称密码算法。此外，密码技术还用于信息鉴别、数据完整性检验、数字签名等。

【问题 1】（3 分）

信息安全的基本目标包括：真实性、保密性、完整性、不可否认性、可控性、可用性、可审查性等。密码学的三大安全目标 C、I、A 分别表示什么？

【问题 2】（3 分）

RSA 公钥密码是一种基于大整数因子分解难题的公开密钥密码。对于 RSA 密码的参数 p、q、n、φ(n)、e、d，哪些参数是可以公开的？

【问题 3】（2 分）

如有 RSA 密码算法的公钥为（55,3），请给出对小王的年龄 18 进行加密的密文结果。

【问题 4】（2 分）

对于 RSA 密码算法的公钥（55,3），请给出对应的私钥。

【问题 5】（2 分）

在 RSA 公钥算法中，公钥和私钥的关系是什么？

【问题 6】（2 分）

在 RSA 密码中，消息 m 的取值有什么限制？

【问题 7】（3 分）

是否可以直接使用 RSA 密码进行数字签名？如果可以，请给出消息 m 的数字签名方法。如果不可以，请给出原因。

【问题 8】（3 分）

上述 RSA 签名体制可以实现[问题 1]所述的哪 3 个安全基本目标？

试题三（共 15 分）

阅读下列说明，回答【问题 1】至【问题 5】。

【说明】防火墙作为网络安全防护的第一道屏障，通常用一系列的规则来实现网络攻击数据包的过滤。

【问题 1】（3 分）

图 3-1 给出了某用户 Windows 系统下的防火墙操作界面，请写出 Windows 系统下打开以下界面的操作步骤。

图 3-1

【问题 2】（4 分）

Smurf 拒绝服务攻击结合 IP 欺骗和 ICMP 回复方法使大量网络数据包充斥目标系统，引起目标系统拒绝为正常请求提供服务。请根据图 3-2 回答下列问题。

Source	Destination	Protocol	Length	Info
192.168.27.1	192.168.27.255	ICMP	60	Echo (ping) request id=0x0000, seq=0/0, ttl=64
192.168.27.1	192.168.27.255	ICMP	60	Echo (ping) request id=0x0000, seq=0/0, ttl=64
192.168.27.1	192.168.27.255	ICMP	60	Echo (ping) request id=0x0000, seq=0/0, ttl=64
192.168.27.1	192.168.27.255	ICMP	60	Echo (ping) request id=0x0000, seq=0/0, ttl=64
192.168.27.1	192.168.27.255	ICMP	60	Echo (ping) request id=0x0000, seq=0/0, ttl=64
192.168.27.1	192.168.27.255	ICMP	60	Echo (ping) request id=0x0000, seq=0/0, ttl=64
192.168.27.1	192.168.27.255	ICMP	60	Echo (ping) request id=0x0000, seq=0/0, ttl=64
192.168.27.1	192.168.27.255	ICMP	60	Echo (ping) request id=0x0000, seq=0/0, ttl=64
192.168.27.1	192.168.27.255	ICMP	60	Echo (ping) request id=0x0000, seq=0/0, ttl=64
192.168.27.1	192.168.27.255	ICMP	60	Echo (ping) request id=0x0000, seq=0/0, ttl=64
192.168.27.1	192.168.27.255	ICMP	60	Echo (ping) request id=0x0000, seq=0/0, ttl=64
192.168.27.1	192.168.27.255	ICMP	60	Echo (ping) request id=0x0000, seq=0/0, ttl=64
192.168.27.1	192.168.27.255	ICMP	60	Echo (ping) request id=0x0000, seq=0/0, ttl=64

图 3-2

（1）上述攻击针对的目标 IP 地址是多少？

（2）在上述攻击中，受害者将会收到 ICMP 协议的哪一种数据包？

【问题 3】（2 分）

如果 Windows 系统中对上述 Smurf 攻击进行过滤设置，应该在图 3-1 中“允许应用或功能通过 Windows Defender 防火墙”下面的选项中选择哪一项？

【问题 4】（2 分）

要对入站的 ICMP 协议数据包设置过滤规则，应选择图 3-3 的哪个选项？

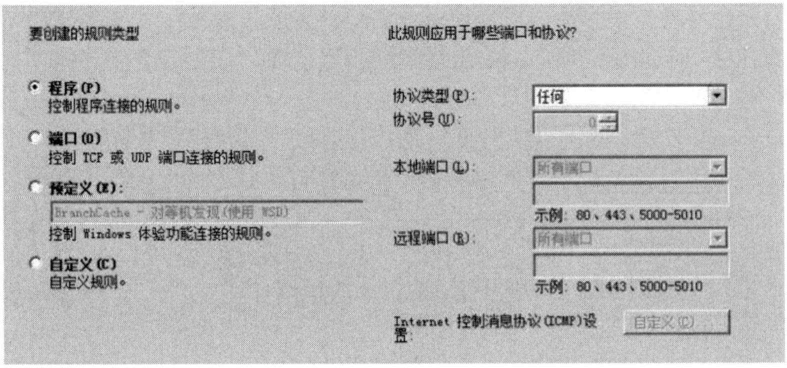

图 3-3

【问题 5】(4 分)

在图 3-3 的端口和协议设置界面中，请分别给出“协议类型（P)”“协议号（U)”“本地端口（L)“远程端口（R)”的具体设置值。

试题四（共 12 分）

阅读下列说明，回答【问题 1】至【问题 6】。

【说明】ISO 安全体系结构包含的安全服务有七大类，即：①认证服务；②访问控制服务；③数据保密性服务；④数据完整性服务；⑤抗否认性服务；⑥审计服务；⑦可用性服务。

请问以下各种安全威胁或者安全攻击可以采用对应的哪些安全服务来解决或者缓解。

请直接用上述编号①~⑦作答。

【问题 1】(2 分)

针对跨站伪造请求攻击可以采用哪些安全服务来解决或者缓解？

【问题 2】(2 分)

针对口令明文传输漏洞攻击可以采用哪些安全服务来解决或者缓解？

【问题 3】(2 分)

针对 Smurf 攻击可以采用哪些安全服务来解决或者缓解？

【问题 4】(2 分)

针对签名伪造攻击可以采用哪些安全服务来解决或者缓解？

【问题 5】(2 分)

针对攻击进行追踪溯源时，可以采用哪些安全服务？

【问题 6】(2 分)

如果下载的软件被植入木马，可以采用哪些安全服务来解决或者缓解？

试题五（共 14 分）

阅读下列说明和图，回答【问题 1】至【问题 3】。

【说明】代码安全漏洞往往是系统或者网络被攻破的头号杀手。在 C 语言程序开发中，由于 C

语言自身语法的一些特性，很容易出现各种安全漏洞。因此，应该在 C 程序开发中充分利用现有开发工具提供的各种安全编译选项，减少出现漏洞的可能性。

【问题 1】（4 分）

图 5-1 给出了一段有漏洞的 C 语言代码（注：行首数字是代码行号），请问，图中代码存在哪种类型的安全漏洞？该漏洞和 C 语言数组的哪一个特性有关？

```
4   #include "stdafx.h"
5   #include   <string.h>
6   #define PASSWORD "1234567"
7   int verify_password(char *password)
8   {
9         int authenticated=128;
10        char buffer[8];
11        authenticated=strcmp(password, PASSWORD);
12        strcpy(buffer, password);//over flowed here!
13        return authenticated;
14  }
```

图 5-1

【问题 2】（4 分）

图 5-2 给出了 C 程序的典型内存布局，请回答如下问题。

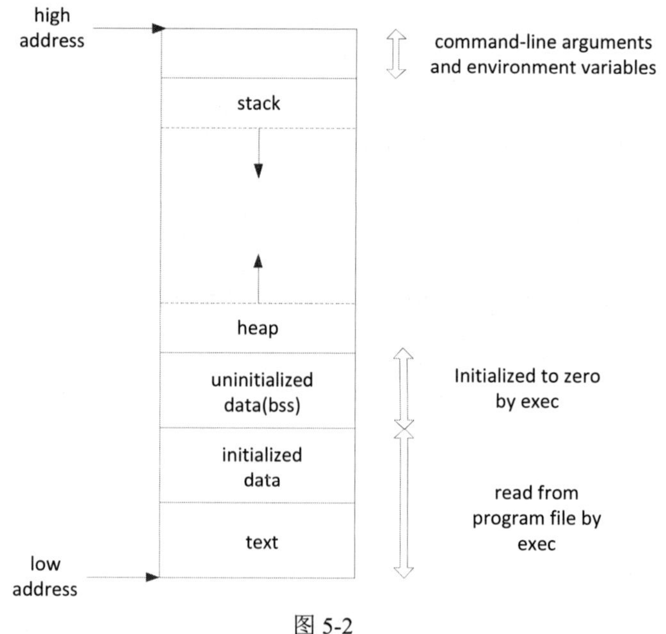

图 5-2

（1）请问图 5-1 的代码第 9 行的变量 authenticated 保存在图 5-2 所示的哪个区域中？

（2）请问 stack 的两个典型操作是什么？

（3）在图 5-2 中的 stack 区域保存数据时，其地址增长方向是往高地址增长还是往低地址增长？

（4）对于图 5-1 代码中的第 9 行和第 10 行代码的两个变量，哪个变量对应的内存地址更高？

【问题 3】（6 分）

微软的 Visual Studio 提供了很多安全相关的编译选项，图 5-3 给出了图 5-1 中代码相关的工程属性页面的截图。请回答以下问题。

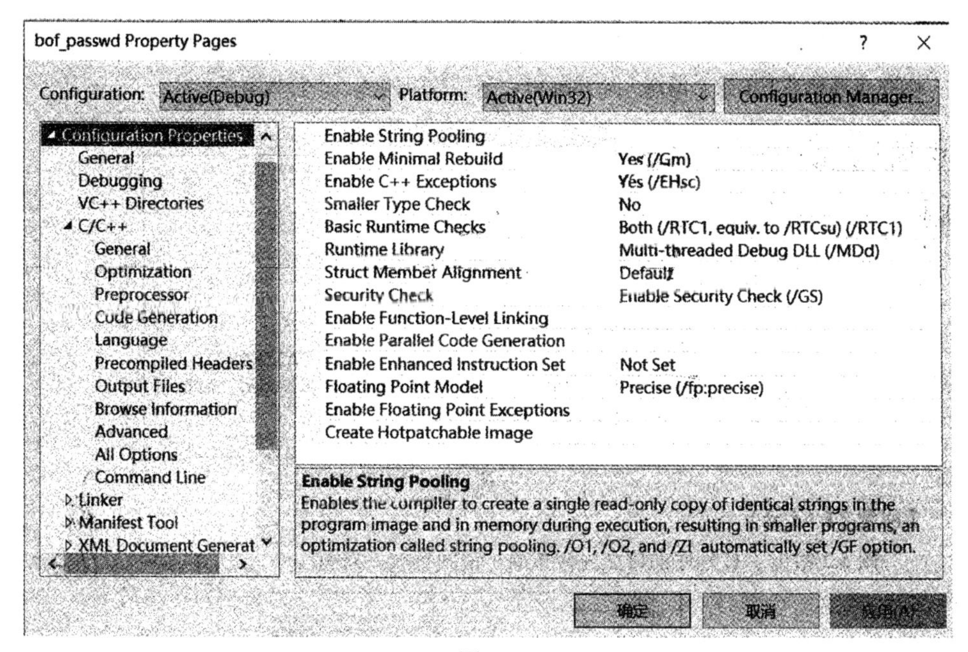

图 5-3

（1）请问图 5-3 中哪项配置可以有效地缓解上述代码存在的安全漏洞？

（2）如果把图 5-1 中第 10 行代码改为 char buffer[4]，图 5-3 的安全编译选项是否还起作用？

（3）模糊测试是否可以检测出上述代码的安全漏洞？

信息安全工程师机考试卷　第3套
基础知识卷参考答案/试题解析

（1）**参考答案**：C

试题解析　该知识点在2016年考查过。可用性是指合法许可的用户能够及时获取网络信息或服务的特性。

（2）**参考答案**：D

试题解析　“震网”病毒是专门针对工业控制系统编写的恶意病毒。2010年“震网”病毒攻击的是伊朗核电站西门子公司的SIMATIC WinCC SCADA系统。该系统主要被用作工业控制系统，能够监控工业生产、基础设施或基于设施的工业流程。SIMATIC就是西门子公司的英文名。

（3）**参考答案**：B

试题解析　网络安全的目标就是5个基本安全属性，即完整性、机密性、可用性、可控性、防抵赖性。要实现网络安全的5个基本目标，网络应具备防御、监测、应急、恢复等基本功能，参见下表。

功能	含义
防御	阻止各类网络威胁的手段
监测	检测各类网络威胁的手段
应急	针对突发安全事件，网络攻击，所采取的安全措施
恢复	发生突发安全事件后，所采取的恢复网络、系统正常的措施

（4）**参考答案**：A

试题解析　2021年7月2日，网络安全审查办公室发布关于对一批App启动网络安全审查的公告。公告原文：为防范国家数据安全风险，维护国家安全，保障公共利益，依据《中华人民共和国国家安全法》《中华人民共和国网络安全法》，网络安全审查办公室按照《网络安全审查办法》，对一批App实施网络安全审查。为配合网络安全审查工作，防范风险扩大，审查期间相关App停止新用户注册。

（5）**参考答案**：A

试题解析　2021年6月10日，第十三届全国人民代表大会常务委员会第二十九次会议通过了《中华人民共和国数据安全法》，并于2021年9月1日起施行。

（6）**参考答案**：B

试题解析　“安全管理中心”这一控制项主要包括系统管理、审计管理、安全管理和集中管控4个控制点，所以安全审计机制属于“安全管理中心”这一控制项。该控制项主要的检查点包括系统、审计、安全管理。

（7）**参考答案**：A

试题解析 《中华人民共和国密码法》**第六条** 国家对密码实行分类管理。密码分为**核心密码、普通密码和商用密码。**

（8）**参考答案**：C

试题解析 金丝雀（Canary）这一名称来源于早先英国的探测技术。英国矿工下井前会带一只金丝雀，金丝雀对毒气敏感，如果井下有有毒气体，则会停止鸣叫甚至死亡，矿工们从而得到预警。

Canary 技术属于缓解缓冲区溢出的有效手段，该技术在堆栈溢出发生的高危区域的低地址部分插入一个值，通过检测该值是否改变，来判断堆栈或者缓冲区是否出现溢出。这种方式增加了堆栈溢出攻击的难度，而且几乎不消耗资源，属于堆栈保护的常用手段。

（9）**参考答案**：B

试题解析 《关键信息基础设施安全保护条例》中规定：违反本条例第五条第二款和第三十一条规定，受到治安管理处罚的人员，5年内不得从事网络安全管理和网络运营关键岗位的工作；受到刑事处罚的人员，终身不得从事网络安全管理和网络运营关键岗位的工作。

由此可知，B选项是错误的。

（10）**参考答案**：D

试题解析 窃听是一种典型的被动攻击方式。攻击者通过监听网络通信来获取未加密的数据包，从而窃取敏感信息。它不会直接对系统或数据进行修改，只是被动地收集信息，因此符合被动攻击的定义。

（11）**参考答案**：B

试题解析 SM2算法是国家密码管理局发布的椭圆曲线公钥密码算法。

（12）**参考答案**：C

试题解析 外部网关协议是在 AS 之间使用的路由协议，常见的外部网关协议有 BGP（Border Gateway Protocol）协议。

（13）**参考答案**：D

试题解析 Sniffer 分为软件和硬件两种，软件 Sniffer 有 NetXray、Netmonitor、Packetboy 等；硬件 Sniffer 通常称为协议分析仪。

（14）**参考答案**：A

试题解析 保密性的含义是保证信息不会泄露给未经授权的进程或实体，只提供给授权者使用；信息完整性的含义是只能被授权许可的人修改，并且能够被判别该信息是否已被篡改。

（15）**参考答案**：C

试题解析 netstat 是一个监控 TCP/IP 网络的工具，它可以显示路由表、实际的网络连接、每一个网络接口设备的状态信息，以及与 IP、TCP、UDP 和 ICMP 等协议相关的统计数据，一般用于检验本机各端口的网络连接情况。

（16）**参考答案**：B

试题解析 报文内容认证使接收方能够确认报文内容的真实性，产生认证码的方式有 3 种：报文加密、消息认证码（MAC）、基于 Hash 函数的消息认证码（HMAC）。

（17）**参考答案**：D

试题解析 MPPE 是微软点对点加密机制，不是身份验证机制。

（18）**参考答案**：D

试题解析 雪崩效应指当明文发生微小的改变时，密文会出现剧变。比如当明文一个二进制位反转，大部分密文位会发生反转。雪崩效应是分组密码、Hash 算法的一种理想属性。

（19）**参考答案**：A

试题解析 Android 系统支持的数据存储方式有 5 种，分别是 SharedPreferences、文件存储、SQLite 数据库、ContentProvider、网络存储。

（20）**参考答案**：B

试题解析 解释攻击面对检测出的水印，试图捏造出种种解释来证明其无效。具体方法有拷贝攻击、可逆攻击等。针对解释攻击而引发的版权纠纷的解决办法有 3 种：引入时间戳机制、在注册水印序列的同时对原始作品加以注册、利用单向水印方案消除水印嵌入过程中的可逆性。

（21）**参考答案**：C

试题解析 僵尸网络传播手段和蠕虫、病毒类似，传播过程所用的手段有主动攻击漏洞、邮件病毒、即时通信软件、恶意网站脚本、特洛伊木马等。

（22）**参考答案**：A

试题解析 入侵者放置的 Webshell 可以看成 asp、php、jsp 等语言编写的木马，这些后门和正常网页混合放置在 Web 服务器的 web 目录中，然后入侵者就可以通过 Web 来控制这些后门，包括执行命令、查看数据库等。入侵者使用 Webshell 一般不会在系统日志中留下记录，但是会在 Web 服务日志中留下 Webshell 页面的访问数据和数据提交记录。

（23）**参考答案**：C

试题解析 操作系统的安全机制包括标识与鉴别、安全审计、访问控制、存取控制、可信通路及隐蔽通道等。

（24）**参考答案**：D

试题解析 脚本病毒使用脚本语言编写，通过网页传播、感染、破坏或调用特殊指令下载并运行病毒、木马文件，常见的前缀名有 Script、VBS、JS 等，如 Script.RedLof（红色结束符）、Vbs.valentin（情人节）。

（25）**参考答案**：A

试题解析 蜜罐有 4 种不同的配置方式。①**诱骗服务**：侦听特定端口，当出现请求时做出对应的响应，例如，攻击者侦听 25 号端口，蜜罐则响应邮件系统 Sendmail 或者 Qmail 的版本号；②**弱化系统**：配置一个已知弱点的操作系统，让攻击者进入系统，这样可以更方便地收集攻击数据；③**强化系统**：弱化系统的改进，既可以收集攻击数据，又可以进行取证；④**用户模式服务**：模拟运行应用程序的用户操作系统，从而迷惑攻击者，并记录其攻击行为。

（26）**参考答案**：B

试题解析 设输入为 $b_1b_2b_3b_4b_5b_6$，则以 b_1b_6 组成的二进制数为行号，$b_2b_3b_4b_5$ 组成的二进制数为列号。行列交点处对应的值转换为二进制作为输出，对应的值需要查询S盒替换表。

当S盒输入为“001011”时，则第1位与第6位组成二进制串“01”（十进制1），中间4位组成二进制“0101”（十进制5）。查询S盒的1行5列，得到数字12，得到输出二进制数是1100。

（27）**参考答案**：B

试题解析 顶级域名中org表示非营利组织域名。

（28）**参考答案**：D

试题解析 HELO表示发送身份标识；MAIL表示识别邮件发起方；RCPT表示识别邮件接收方；HELP表示发送帮助文档；SEND表示向终端发送邮件；DATA表示传送报文文本；VRFY表示证实用户名；QUIT表示关闭TCP连接。

（29）**参考答案**：C

试题解析 WEP采用的是RC4算法，使用40位或64位密钥，有些厂商将密钥位数扩展到128位（WEP2）。由于科学家找到了WEP的多个弱点，于是WEP在2003年被淘汰。

（30）**参考答案**：C

试题解析 智能卡的片内操作系统（COS）一般由通信管理模块、安全管理模块、应用管理模块和文件管理模块4个部分组成。①通信管理模块：半双工通信通道，用于COS与外界联系；②安全管理模块：为COS提供安全保证；③应用管理模块：非独立模块，接收命令并判断其可执行性；④文件管理模块：COS为每种均建立对应的文件来管理和存储应用，文件就是智能卡中数据单元、记录的有组织集合。

（31）**参考答案**：A

试题解析 在X.509标准中，包含在数字证书中的数据域有证书、版本号、序列号（唯一标识每一个CA下发的证书）、签名算法标识、颁发者、有效期、使用者、使用者公钥信息、公钥算法、公钥、颁发者唯一标识、使用者唯一标识、扩展项、证书签名（发证机构，即CA对用户证书的签名）。

（32）**参考答案**：B

试题解析 SM4分组长度和密钥长度都是128位。SM4的数据处理单位：字节（8位）、字（32位）。

（33）**参考答案**：A

试题解析 RA（Registration Authority）属于受理用户申请证书的机构，但RA并不签发证书，而是对证书申请者进行合法性认证，并批准或拒绝证书的申请。证书申请得到RA许可后，由CA发放。

（34）**参考答案**：B

试题解析 数字签名是可信、不易伪造、不容抵赖的，并且是不可改变的。

（35）**参考答案**：D

试题解析 AES明文分组长度可以是128位、192位、256位；密钥长度也可以是128位、192位、256位。

（36）**参考答案**：A

试题解析 BLP模型是强制访问控制的代表，但它没有自主访问控制功能。BLP

（Bell-LaPadula）模型是一种状态机模型，用于在政府和军事应用中实施访问控制。BLP 模型之所以被称为多级安全系统，是因为使用这个系统的用户具有不同级别的许可，而且系统处理的数据也具有不同的分类。

（37）**参考答案**：C

试题解析 常见的工业无线传感器网络标准有 ISA100.11a、WIA-PA、WIA-FA、WirelessHART。

（38）**参考答案**：D

试题解析 Trojan-Ransom 属于勒索病毒，具有较大的破坏力，是破坏型木马。

（39）**参考答案**：A

试题解析 基于数据转储的恢复是指数据库管理员定期地将整个数据库复制到磁带或另一个磁盘上保存起来的过程。

（40）**参考答案**：B

试题解析 FTP 客户上传文件时，通过服务器 20 号端口建立的连接是建立在 TCP 之上的数据连接，通过服务器 21 号端口建立的连接是建立在 TCP 之上的控制连接。

（41）**参考答案**：B

试题解析 CodeRed 病毒利用 IIS 漏洞，使 IIS 服务程序处理请求数据包时出现缓冲区溢出，而进行攻击。Slammer 病毒属于 DDoS 类恶意程序，它利用 SQL Server 弱点采取阻断服务攻击 1434 端口并在内存中感染 SQL Server。Blaster 病毒针对微软的 RPC 漏洞进行攻击。IRC-Worm 病毒是利用微软操作漏洞进行传播的蠕虫病毒。

（42）**参考答案**：B

试题解析 外部路由器主要用于保护 DMZ（周边网络）、内部网络，被称为屏蔽子网体系结构的第一道屏障。

（43）**参考答案**：C

试题解析 等级保护 2.0 中对用户个人信息保护的要求有：①应仅采集和保存业务必需的用户个人信息；②应禁止未授权访问和非法使用用户个人信息；③应制定有关用户个人信息保护的管理制度和流程。

（44）**参考答案**：B

试题解析 Snort 的配置有 3 个主要模式：嗅探、包记录和网络入侵检测。

（45）**参考答案**：D

试题解析 经验表明身体特征（指纹、掌型、视网膜、虹膜、人体气味、脸型、手的血管和 DNA 等）和行为特征（签名、语音、行走步态等）可以对人进行唯一标识，可以用于身份识别。生物特征认证的手段有指纹、掌型、视网膜、虹膜、人体气味、脸型、手的血管和 DNA 等。

（46）**参考答案**：D

试题解析 根据《信息安全等级保护管理办法》，“信息系统受到破坏后，会对社会秩序和公共利益造成特别严重损害，或者对国家安全造成严重损害”应定为第四级。

（47）**参考答案**：A

试题解析 无论是哪一种 Web 服务器，都会受到 HTTP 协议本身安全问题的困扰，这样的信息系统安全漏洞属于设计型漏洞。

（48）**参考答案**：D

试题解析　“计算机信息系统可信计算基满足访问监控器需求”为《计算机信息系统 安全保护等级划分准则》（GB 17859—1999）之“第五级　访问验证保护级”之规定。

（49）**参考答案**：C

试题解析　信息资产中，数据是最重要的资产。

（50）**参考答案**：B

试题解析　重放攻击是攻击者发送一个目的主机已接收过的包，来达到欺骗系统的目的。采用时间戳、序号、挑战与应答等方式可以防御重放攻击。Nonce 属于加密通信中只使用一次的数字，往往是随机数或伪随机数，也可以避免重放攻击。

（51）**参考答案**：C

试题解析　对邮件内容进行过滤相对来说工作量最大，因此对邮件进行内容过滤耗费计算资源最多。

（52）**参考答案**：A

试题解析　可用性是确保授权用户或者实体正常使用信息及资源，且不被异常拒绝；允许其可靠而且及时地访问信息及资源的特性。

（53）**参考答案**：C

试题解析　嵌入到数字产品中的数字信号可以是图像、文字、符号、数字等一切可以作为标识和标记的信息，其目的是进行版权保护、证据篡改鉴定、电子票据防伪、所有权证明、指纹（追踪发布多份拷贝）和完整性保护等。

（54）**参考答案**：D

试题解析　HTTPS 在 HTTP 的基础上加入了 SSL 协议，SSL 依靠证书来验证服务器的身份，并为浏览器和服务器之间的通信加密。

（55）**参考答案**：A

试题解析　WPA 兼容旧的 WEP 方式，采用 TKIP 算法，而 WPA2 采用 AES 算法取代了 TKIP。

（56）**参考答案**：D

试题解析　《中华人民共和国密码法》第二十六条规定：涉及国家安全、国计民生、社会公共利益的商用密码产品，应当依法列入网络关键设备和网络安全专用产品目录，由具备资格的机构检测认证合格后，方可销售或者提供。

（57）**参考答案**：B

试题解析　主动攻击包括假冒（依靠）、重放、修改信息和拒绝服务；被动攻击包括网络窃听、截取数据包和流量分析。

（58）**参考答案**：D

试题解析　国家对密码实行分类管理，密码分为核心密码、普通密码和商用密码。核心密码、普通密码用于保护国家秘密信息，核心密码保护信息的最高密级为绝密级，普通密码保护信息的最高密级为机密级。

（59）**参考答案**：C

试题解析　工业控制系统安全面临的主要威胁有自然灾害、重要基建设施失效（如能源）、内部安全威胁（如员工恶意行为）、软件漏洞（如应用软件漏洞和系统软件漏洞）、恶意代码及网络攻击等。

（60）**参考答案**：B

试题解析　资产清单包括服务及无形资产、信息资产、人员等。

（61）**参考答案**：A

试题解析　常见的身份认证协议有 S/Key、Kerberos、X.509 等。IPSec 是对网络层流量提供安全服务的协议族。

（62）**参考答案**：B

试题解析　宏病毒的前缀是 Macro。

（63）**参考答案**：B

试题解析　网络安全控制技术是有效保证数据安全传输的技术，包括防火墙、入侵检测、访问控制。VPN（Virtual Private Network），虚拟专用网络，它是一种网络技术。

（64）**参考答案**：C

试题解析　渗透测试用于模拟黑客对系统进行恶意攻击，评估计算机系统安全，发现各类漏洞和隐患。

（65）**参考答案**：D

试题解析　密码系统安全性是由密钥决定的。

（66）**参考答案**：A

试题解析　保密性是确保信息仅被合法用户访问（浏览、阅读、打印等），不被泄露给非授权的用户、实体或过程。

（67）**参考答案**：D

试题解析　等级保护 2.0 对外部人员访问管理要求如下：①应确保在外部人员物理访问受控区域前先提出书面申请，批准后由专人全程开设账号、分配权限，并登记备案；②应确保在外部人员接入网络访问系统前先提出书面申请，批准后由专人开设账号、分配权限，并登记备案；③外部人员离场后应及时清除其所有的访问权限；④获得系统访问授权的外部人员应签署保密协议，不得进行非授权操作，不得复制和泄露任何敏感信息。

（68）**参考答案**：C

试题解析　所谓的对称算法，就是指加密密钥与解密密钥可相互推算出来。IDEA（International Data Encryption Algorithm）是一种典型的对称密钥密码算法，其明文、密文均为 64 位，密钥长度 128 位。RSA（公开密钥密码体制）是一种使用不同的加密密钥与解密密钥的密码体制，它的基本思想是“由已知加密密钥推导出解密密钥在计算上是不可行的”，因此是一种非对称算法。MD5（Message-Digest Algorithm，信息摘要算法），明文通过算法得出一个摘要（密文），但通过摘要无法推算出明文。SHA-128（Secure Hash Algorithm-128，安全哈希算法），其基本思想也是“接收一段明文，然后以一种不可逆的方式将它转换成一段（通常更小）密文”。

（69）**参考答案**：A

试题解析　此题需要注意“向前”的含义。B 向前推进一位易被误解为是 A，但在加解密语境中，B 向前推进一位是 C。英文字符与数值之间的对应关系见下表。

英文字符与数值对应关系

A	B	C	D	E	F	G	H	I	J	K	L	M
0	1	2	3	4	5	6	7	8	9	10	11	12
N	O	P	Q	R	S	T	U	V	W	X	Y	Z
13	14	15	16	17	18	19	20	21	22	23	24	25

设 key=6，则加密变换公式为：c=(m+6)mod 26。

S=18，则 c=(m+6)mod 26=24，即加密后为 Y。

由于 E=4，则 c=(m+6)mod 26=10，即加密后为 K。

由于 C=2，则 c=(m+6)mod 26=8，即加密后为 I。

有些资料得出 YKH，是不正确的。

（70）**参考答案**：D

试题解析 《无线局域网产品须使用的系列密码算法》规定的密钥协商算法是 ECDH（Elliptic Curve Diffie–Hellman key Exchange），即椭圆曲线迪菲-赫尔曼密钥交换算法。

（71）～（75）**参考答案**：B D A A C

试题翻译 尽管一条或一组消息可能具有与其他消息不同的密钥，但对称密钥密码体制使用相同的密钥对消息进行加密和解密。对称密码的一个显著缺点是安全使用它们所需的密钥管理，理想情况是每一对不同的通信方必须共享一个不同的密钥，或许每个密文的交换也是如此，因此所需的密钥数量就会随着网络成员数量的平方而增加，这很快就需要复杂的密钥管理方案来保持它们的准确性和机密性。当不存在安全通道时，在通信双方之间安全地建立密钥的困难就是一个鸡和蛋的问题，这对于现实世界中的密码用户来说也是一个相当大的实际障碍。

Whitfield Diffie 和 Martin Hellman 是公钥加密密码学第一篇论文的作者。在 1976 年的一篇开创性论文中，这两人提出了公钥加密密码学（更多地称为非对称密钥）的概念，其中使用了两个不同但数学上相关的密钥——一个公钥和一个私钥。公钥系统是如此构造的：它使得从一个密钥（私钥）得到另一个密钥（公钥）在计算上是不可行的，即使它们必然相关，相反，这两个密钥作为一个相互关联对是秘密生成的。历史学家 David Kahn 把公钥加密密码学描述为“自文艺复兴时期出现多字母替换以来，该领域最具革命性的新概念”。

在公钥密码体制中，公钥可以自由分发，而其配对私钥必须保密。公钥通常用于加密，而私钥或密钥用于解密。Diffie 和 Hellman 通过提出 Diffie-Hellman 密钥交换协议证明了公钥加密算法是可行的。

1978 年，Ronald Rivest、Adi Shamir 和 Len Adleman 发明了另一种公钥体制 RSA。

1997 年，非对称密钥密码学由英国情报机构 GCHQ 的 James H.Ellis 发明并最终变为众所周知，但在 20 世纪 70 年代早期，Diffie-Hellman 和 RSA 算法都已分别由 Malcolm J.Williamson 和 Clifford Cocks 开发出来。

信息安全工程师机考试卷　第 3 套
应用技术卷参考答案/试题解析

试题一

【问题 1】

参考答案　三级；每年

试题解析　等级保护 2.0 要求关键信息基础设施“定级原则上不低于三级”，测评分数的要求由 60 分提升至 75 分以上。政府站群系统属于关键信息基础设施，所以定级应不低于三级。依据《信息安全等级保护管理办法》，第三级信息系统应当**每年**至少进行一次等级测评。

【问题 2】

参考答案　（1）SQL 注入攻击漏洞　（2）C　（3）MySQL　（4）C

试题解析

（1）在上述代码中可以看到，PHP 后台直接从前端获取参数 ID，并且将该 ID 用于拼装成一条 SQL 语句，这条语句中的 Where 部分没有经过任何过滤和条件限制，直接使用了参数 ID，因此这部分代码存在 **SQL 注入攻击漏洞**。如果考生对 PHP 代码不是很熟悉，实际上也可以根据上下文，从问题（2）的提问以及提供的选项联想到是使用了 SQL 注入攻击漏洞。

（2）是对 SQL 注入攻击的进一步考查。将用户名设置为 **l' or 1=1 order by 1#**之后，后台执行的 SQL 语句就变为：

SELECT first_name, last_name FROM users WHRER user_id = ‘l’ or 1=1 order by 1#

由于，1=1 恒成立，因此可以做到不用输入正确用户名和密码，就能完全跳过登录验证。因此正确答案选择 C。

（3）从 PHP 代码中可以发现最终执行 SQL 语句时使用的是 mySQL_ query($getid)，由此可以判断系统所使用的后台数据库是 MySQL。

（4）由题目可知数据库保存口令的数据表存放了明文口令，这是极不安全的。解决的方法是将口令进行哈希加密后再存入数据库，但攻击者知道哈希值后，可以通过查表法倒推出原始的口令。所以这种方式仍然具有较大的安全隐患。为了解决上述问题就是加盐（Salt），就是加随机值。即在口令后面加一段随机值（Salt），然后再进行 Hash 运算。

【问题 3】

参考答案　netstat

试题解析　题目中并没有指定所使用的系统是 Windows、Linux 还是 UNIX，但是这些操作系统都可以运行 netstat 指令，并用不同的参数查看本机开放的所有服务端口，这样也就知道开放了哪些服务。

【问题 4】

参考答案 基于屏蔽子网的防火墙

试题解析 常见的防火墙体系结构有基于双宿主机防火墙、基于屏蔽主机和基于屏蔽子网的防火墙，其典型特点如表 1 所示。

表 1 常见的防火墙体系结构

体系结构类型	特点
双宿主机	以一台双宿主机作为防火墙系统的主体，分离内外网
屏蔽主机	由一台独立的路由器和内网堡垒主机构成防火墙系统，通过包过滤方式实现内外网隔离和内网保护
屏蔽子网	由 DMZ 网络、外部路由器、内部路由器以及堡垒主机构成防火墙系统。外部路由器保护 DMZ 和内网、内部路由器隔离 DMZ 和内网

从本题给出的拓扑图可见防火墙、外部路由器、DMZ 网络和内部路由器等部分，因此属于屏蔽子网的防火墙。

【问题 5】

参考答案 （1）B、C （2）交换机 1 （3）A

（4）URL 编码（URL encode） （5）（a）alert （b）union select

试题解析

（1）考查 Snort 的基本概念。Snort 属于网络型的误用检测系统。Snort 假定网络攻击行为和方法具有一定的模式或特征，将所有已发现的网络攻击特征提炼出来并建成入侵特征库，并把搜集到的信息与已知的特征库进行匹配。如果匹配成功，则发现入侵行为。所以问题（1）选择 B 和 C。

（2）为了部署 Snort 并对内网的所有网络入侵行为进行有效检测，且减少其他不必要的数据干扰，因此需将 Snort 接入到内网的交换机 1 上，因此正确答案是交换机 1。

（3）考查华为交换机镜像端口配置命令。作为网络工程师、信息安全工程师，经常要做的一个操作就是在网络中收集信息，并且不能影响网络中正常的业务数据传输，因此需要在交换机上配置镜像端口。华为交换机配置镜像端口的基本步骤是：①定义一个观察端口，也就是 observe port，并给这个端口指定编号，这个端口用于接入搜集信息的设备；②指定一个物理接口作为该观察端口的数据来源。在该物理接口的接口视图下，使用命令 port mirror to observe port X 完成镜像配置，其中，X 是之前创建的观察端口所指定的接口编号。

（4）从软件截获的数据包分析可知，报文中存在大量的%XX 形式的编码，这是一种 URL 编码形式，通常称为百分号编码，又称为 URL 编码（URL encode）。该编码形式是“%”加上两位的字符（字符可以为 0123456789ABCDEF），代表一个十六进制字节。

（5）考查 Snort 的基本规则配置。其中，（a）空白处表示 Snort 的规则行为，由于需要告警并记录数据，所以（a）空白处填 alert。（b）空白处则属于 Snort 的规则选项部分，而本题李工目标是发现分组中出现 union select 关键字，就要触发告警信息，所以（b）空白处指定关键词 union select。

试题二

【问题 1】

参考答案 保密性、完整性、可用性

试题解析 保密性（Confidentiality）是指确保信息仅被合法用户访问，而不泄露给非授权的用户；完整性（Integrity）指所有资源只能由授权方或者以授权方式进行修改；可用性（Availability）指所有资源在适当的时候可以由授权方访问。

【问题 2】

参考答案 n、e

试题解析 根据 RSA 公钥密码算法的基本原理，求两个大素数的乘积很容易，但是反过来则非常困难。因此在 RSA 公钥密码算法中，通常先找到两个大的素数 P 和 Q，利用 P 和 Q 计算出公开密钥（n,e）之后，会将 P、Q 和 $\phi(n)$丢弃，公钥(n,e)公开，私钥（n,d）严格保密。

具体加密算法如下：

（1）选取两个大的素数 p 和 q。

（2）计算 p 和 q 的乘积 $n=p\times q$。

（3）随机选取一个与 $\phi(n)=(p-1)\times(q-1)$互质的数 e，也即是 $gcd(d, (p-1)\times(1-1))=1$。

（4）计算 e 模 $\phi(n)$的逆元 d，也即计算满足$(e\cdot d)mod\ \phi(n)=1$ 的 d。

（5）将(n,e)公开作为公钥，任何人都可以获取；将(n,d)作为私钥，妥善保存。

【问题 3】

参考答案 2

试题解析 ①利用公钥（55,3），得 n=55=PQ，因此 P、Q 分别是 5 和 11，e=3；②$\phi(n)=(5-1)*(11-1)=40$；③(ed)mod 40=1，即(3d)mod 40=1，3d=41 时，d 非整数，3d=81 时，d=27；④消息 m=18，$c=m^e \bmod n=18^3 \bmod 55=5832 \bmod 55= 2$。

【问题 4】

参考答案 （55，27）

试题解析 根据上述分析，可知对应的 d=27，对应的私有密钥为(55,27)。

【问题 5】

参考答案 $(ed)mod\ \phi(n)=1$

试题解析 见【问题 2】解析。

【问题 6】

参考答案 消息 m 取值必须是整数且小于 n

试题解析 m 必须是整数（字符串可以取 ASCII 值或 Unicode 值），且 m 必须小于 n。

【问题 7】

参考答案 不可以直接使用 RSA 进行数字签名，因为 RSA 的密钥没有与用户的身份进行捆绑，有可能被假冒。

试题解析 不可以直接使用 RSA 进行数字签名，因为 RSA 的密钥并没有与用户身份绑定，也就是说没有使用数字证书对密钥进行身份验证。直接使用 RSA 私钥进行签名有可能被假冒。

【问题8】

参考答案 完整性、真实性和不可否认性

试题解析 RSA数字签名机制可以实现消息的不可否认性、真实性、完整性。

试题三

【问题1】

参考答案 通过控制面板->系统和安全->Windows Defender 防火墙，可以进入当前界面。

试题解析 题目所示图片中完整给出了防火墙路径。

【问题2】

参考答案 （1）192.168.27.1 （2）ICMP echo reply 数据包

试题解析 Smurf攻击者向网络广播地址发送ICMP echo request包，并将回复地址设置成受害主机地址，网络中的主机都会对这个请求包做出回应，从而导致网络中大量的icmp echo reply应答数据包淹没受害主机。根据图中的信息可知，发送的ICMP回送请求包对应的目标地址是192.168.27.255，是一个广播地址，而源主机的地址是192.168.27.1，由此可知，ICMP的回送回答报文（ICMP echo reply包）全部会发给192.168.27.1，从而使192.168.27.1遭受攻击。

【问题3】

参考答案 高级设置

试题解析 在Windows系统的防火墙中，不能直接对Smurf攻击进行配置拦截，需要使用Windows系统的防火墙的高级功能里面的自定义入站规则进行，因此需要选择“高级设置”选项。

【问题4】

参考答案 自定义

试题解析 对入站的ICMP协议数据包设置过滤规则，只能采用自定义形式。

【问题5】

参考答案

协议类型（P）：ICMPv4

协议号（U）：1

本地端口（L）：所有端口

远程端口（R）：所有端口

试题解析 因为ICMP协议是一个网络层协议，不具备传输层的端口号等特性，并且从题目可以看到，这是基于ICMPv4 协议的Smurf攻击，因此只要在协议类型中选择“ICMPv4”即可。ICMP协议的协议号是1。本地和远程端口都无须设置。

试题四

【问题1】

参考答案 ①

试题解析 跨站伪造请求利用了Web用户身份验证漏洞，即简单的身份验证只能保证请求发自某个用户的浏览器，却不能保证请求本身是用户自愿发出的。因此跨站请求攻击主要是利用了对

请求的身份真实性没有严格验证，这可以通过认证服务来缓解。

【问题 2】

参考答案 ③

试题解析 口令明文传输可能导致口令被攻击者截获，从而导致这个口令对应的用户账户被攻击。为了避免口令明文传输的问题，可以采用数据保密性服务，将口令加密，从而使口令变成密文。

【问题 3】

参考答案 ⑦

试题解析 Smurf 攻击是让目标主机被大量的 ICMP echo reply 报文所淹没，从而失去正常服务的能力，因此可采用可用性服务来缓解。

【问题 4】

参考答案 ④

试题解析 数字签名具有发送方不能抵赖、接收方不能伪造的能力，签名伪造主要是攻击数据的完整性，因此可采用数据完整性服务来缓解。

【问题 5】

参考答案 ⑥

试题解析 安全审计是一种事后追查的安全技术。安全审计的作用包括追查执行事件的当事人，明确事故责任；分析审计信息，发现系统设计、配置缺陷，从而提高系统安全性；结合告警模块，可以对系统状态进行实时监控。

【问题 6】

参考答案 ②

试题解析 系统事先给访问主体（进程、文件、设备等）和受控对象分配不同的安全级别属性，系统严格依据安全级别属性决定主体是否能够进行访问，这种方式可以防范木马攻击。

试题五

【问题 1】

参考答案 缓冲区溢出漏洞。该漏洞和 C 语言不对数组进行边界检查的特性有关。

试题解析 C 语言不进行数组的边界检查，都假定缓冲区的长度是足够的，但实际上并非如此。这往往会导致缓冲区溢出。缓冲区溢出攻击的原理是：函数的局部变量在栈中是一个紧接一个地排列。如果局部变量中有数组变量，而程序中没有针对数组越界操作的判断，那么越界的数组元素就可能破坏栈中的相邻变量、EBP（extended base pointer）、返回地址的值。

【问题 2】

参考答案 （1）stack 区。

（2）入栈、出栈

（3）往低地址方向增长

（4）authenticated

试题解析

（1）authenticated 属于 main 函数中的变量，是局部变量。而局部变量存放在 stack 区。

（2）堆栈的两个典型操作是入栈和出栈。

（3）stack 区域保存数据时，其地址增长方向是往低地址方向增长。

（4）第 9 行的变量 authenticated 和第 10 行的数组变量 buffer，均为局部变量，因此均存放在栈区。而堆栈的特点是先进后出，且该区域保存数据的地址增长方向是向往低地址方向增长的。而 authenticated 先进入堆栈，所以对应的内存地址更高。

各类型的变量在内存中所处的位置如下图所示。

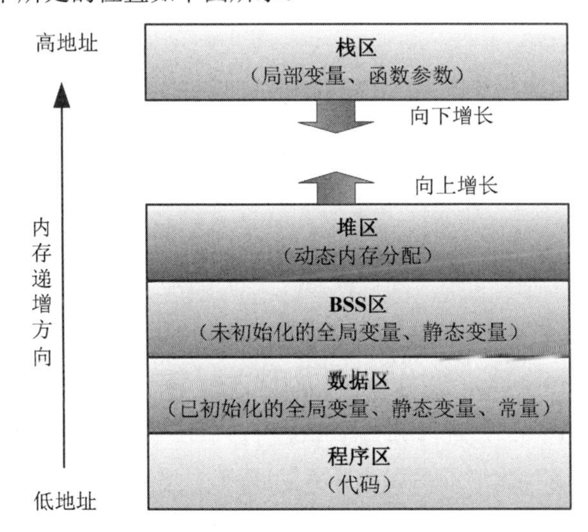

【问题 3】

参考答案　（1）Security Check

（2）起作用

（3）可以

试题解析　（1）编译器启用 Security Check 时，可以检查缓冲区溢出。/GS 就是缓冲区安全检查。

（2）第 10 行代码改为 char buffer[4]时，程序因为 strcpy(buffer,password)语句导致缓冲区溢出，所以安全编译选项起作用。

（3）模糊测试属于软件测试中的黑盒测试，是一种通过向目标系统提供非预期的输入并监视异常结果来发现软件漏洞的方法。模糊测试不需要读懂程序的代码就可以发现问题，所以能发现有漏洞，但不能确定代码中问题的位置。

信息安全工程师机考试卷　第 4 套
基础知识卷

● 2019 年 10 月 26 日，第十三届全国人民代表大会常务委员会第十四次会议表决通过了《中华人民共和国密码法》，该法律自__(1)__起施行。

（1）A．2020 年 10 月 1 日　　B．2020 年 12 月 1 日
　　C．2020 年 1 月 1 日　　D．2020 年 7 月 1 日

● 根据自主可控的安全需求，基于国密算法的应用也得到了快速发展。我国国密标准中的杂凑算法是__(2)__。

（2）A．SM2　　B．SM3　　C．SM4　　D．SM9

● 信息安全产品通用评测标准 ISO/IEC 15408—1999《信息技术、安全技术、信息技术安全性评估准则》（简称“CC”），该标准分为 3 个部分：第 1 部分“简介和一般模型”、第 2 部分“安全功能要求”和第 3 部分“安全保证要求”，其中__(3)__属于第 2 部分的内容。

（3）A．评估保证级别　　B．基本原理　　C．保护轮廓　　D．技术要求

● 从网络安全的角度看，要求网络安全防护系统是一个多层安全系统，避免成为网络中的“单失效点”。该原则是__(4)__。

（4）A．纵深防御原则　　B．木桶原则　　C．最小特权原则　　D．最小泄露原则

● 为确保关键信息基础设施供应链安全，维护国家安全，依据__(5)__，2020 年 4 月 27 日，国家互联网信息办公室等 12 个部门联合发布了《网络安全审查办法》，该办法自 2020 年 6 月 1 日实施，将重点评估采购网络产品和服务可能带来的国家安全风险。

（5）A．《中华人民共和国国家安全法》和《中华人民共和国网络安全法》
　　B．《中华人民共和国国家保密法》和《中华人民共和国网络安全法》
　　C．《中华人民共和国国家安全法》和《网络安全等级保护条例》
　　D．《中华人民共和国国家安全法》和《中华人民共和国国家保密法》

● 密码学根据研究内容可以分为密码编制学和密码分析学。研究密码编制的科学称为密码编制学，研究密码破译的科学称为密码分析学。密码分析学中，根据密码分析者可利用的数据资源，可将攻击密码的类型分为 4 类，其中适于攻击计算机文件系统和数据库系统的是__(6)__。

（6）A．仅知密文攻击　　B．已知明文攻击
　　C．选择明文攻击　　D．选择密文攻击

● 以下关于认证和加密的表述中，错误的是__(7)__。

（7）A．加密用以确保数据的保密性
　　B．认证用以确保报文发送者和接收者的真实性

C. 认证和加密都可以阻止对手进行被动攻击

D. 身份认证的目的在于识别用户的合法性，阻止非法用户访问系统

- 为了保护用户的隐私，需要了解用户所关注的隐私数据。当前，个人隐私信息分为一般属性、标识属性和敏感属性，以下属于敏感属性的是__(8)__。

(8) A. 姓名　　B. 年龄　　C. 肖像　　D. 财物收入

- 访问控制是对信息系统资源进行保护的重要措施，适当的访问控制能够阻止未经授权的用户有意或者无意地获取资源。计算机系统中，访问控制的任务不包括__(9)__。

(9) A. 审计　　B. 授权　　C. 确定存取权限　　D. 实施存取权限

- 一台连接在以太网内的计算机为了能和其他主机进行通信，需要有网卡支持。网卡接收数据帧的状态有：unicast、broadcast、multicast、promiscuous 等，其中能接收所有类型数据帧的状态是__(10)__。

(10) A. unicast　　B. broadcast　　C. multicast　　D. promiscuous

- 数字签名是对以数字形式存储的消息进行某种处理，产生一种类似于传统手书签名功效的信息处理过程。数字签名标准 DSS 中使用的签名算法 DSA 是基于 ElGamal 和 Schnorr 两个方案而设计的。当 DSA 对消息 m 的签名验证结果为 True，也不能说明__(11)__。

(11) A. 接收的消息 m 无伪造　　B. 接收的消息 m 无篡改

C. 接收的消息 m 无错误　　D. 接收的消息 m 无泄密

- IP 地址分为全球地址（公有地址）和专用地址（私有地址），在文档 RFC1918 中，不属于专用地址的是__(12)__。

(12) A. 10.0.0.0 到 10.255.255.255　　B. 255.0.0.0 到 255.255.255.255

C. 172.16.0.0 到 172.31.255.255　　D. 192.168.0.0 到 192.168.255.255

- 人为的安全威胁包括主动攻击和被动攻击。主动攻击是攻击者主动对信息系统实施攻击，导致信息或系统功能改变。被动攻击不会导致系统信息的篡改，系统操作与状态不会改变。以下属于被动攻击的是__(13)__。

(13) A. 嗅探　　B. 越权访问　　C. 重放攻击　　D. 伪装

- 确保信息仅被合法实体访问，而不被泄露给非授权的实体或供其利用的特性是指信息的__(14)__。

(14) A. 完整性　　B. 可用性　　C. 保密性　　D. 不可抵赖性

- 安全模型是一种对安全需求与安全策略的抽象概念模型，安全策略模型一般分为自主访问控制模型和强制访问控制模型。以下属于自主访问控制模型的是__(15)__。

(15) A. BLP 模型　　B. 基于角色的存取控制模型

C. BN 模型　　D. 访问控制矩阵模型

- 认证是证实某事是否名副其实或者是否有效的一个过程。以下关于认证的叙述中，不正确的是__(16)__。

(16) A. 认证能够有效阻止主动攻击

B. 认证常用的参数有口令、标识符、生物特征等

C. 认证不允许第三方参与验证过程

D．身份认证的目的是识别用户的合法性，阻止非法用户访问系统

- 虚拟专用网（VPN）是一种新型的网络安全传输技术，为数据传输和网络服务提供安全通道。VPN 架构采用的多种安全机制中，不包括 (17) 。

（17）A．隧道技术　B．信息隐藏技术　C．密钥管理技术　D．身份认证技术

- Android 系统是一种以 Linux 系统为基础的开放源代码操作系统，主要用于便携智能终端设备。Android 系统采用分层的系统架构，其从高层到低层分别是 (18) 。

（18）A．应用程序层、应用程序框架层、系统运行库层和 Linux 核心层
B．Linux 核心层、系统运行库层、应用程序框架层和应用程序层
C．应用程序框架层、应用程序层、系统运行库层和 Linux 核心层
D．Linux 核心层、系统运行库层、应用程序层和应用程序框架层

- 文件加密就是将重要的文件以密文形式存储在媒介上，对文件进行加密是一种有效的数据加密存储技术。基于 Windows 系统的是 (19) 。

（19）A．AFS　B．TCFS　C．CFS　D．EFS

- 数字水印技术通过在数字化的多媒体数据中嵌入隐蔽的水印标记，可以有效地实现对数字多媒体数据的版权保护功能。以下关于数字水印的描述中，不正确的是 (20) 。

（20）A．隐形数字水印可应用于数据侦测与跟踪
B．在数字水印技术中，隐藏水印的数据量和鲁棒性是一对矛盾
C．秘密水印也称盲化水印，其验证过程不需要原始秘密信息
D．视频水印算法必须满足实时性的要求

- (21) 是指采用一种或多种传播手段，将大量主机感染 bot 程序，从而在控制者和被感染主机之间形成的一个可以一对多控制的网络。

（21）A．特洛伊木马　B．僵尸网络　C．ARP 欺骗　D．网络钓鱼

- 计算机取证是指能够为法庭所接受的、存在于计算机和相关设备中的电子证据的确认、保护、提取和归档的过程。以下关于计算机取证的描述中，不正确的是 (22) 。

（22）A．为了保证调查工具的完整性，需要对所有工具进行加密处理
B．计算机取证需要重构犯罪行为
C．计算机取证主要是围绕电子证据进行的
D．电子证据具有无形性

- 强制访问控制（MAC）可通过使用敏感标签对所有用户和资源强制执行安全策略。MAC 中用户访问信息的读写关系包括下读、上写、下写和上读 4 种，其中用户级别高于文件级别的写操作是 (23) 。

（23）A．下读　B．上写　C．下写　D．上读

- 恶意代码是指为达到恶意目的而专门设计的程序或代码。以下恶意代码中，属于脚本病毒的是 (24) 。

（24）A．Worm. Sasser.f　B．Trojan. Huigezi. a
C．Harm. formatC.f　D．Script. Redlof

- 蜜罐是一种在互联网上运行的计算机系统，是专门为吸引并诱骗那些试图非法闯入他人计算机

系统的人而设计的。以下关于蜜罐的描述中，不正确的是 （25） 。

（25）A．蜜罐系统是一个包含漏洞的诱骗系统　　B．蜜罐技术是一种被动防御技术
　　C．蜜罐可以与防火墙协作使用　　D．蜜罐可以查找和发现新型攻击

● 已知DES算法S盒见表1：

表1

	0	1	2	3	4	5	6	7	8	9	10	11	12	13	14	15
0	12	1	10	15	9	2	6	8	0	13	3	4	14	7	5	11
1	10	15	4	2	7	12	9	5	6	1	13	14	0	11	3	8
2	9	14	15	5	2	8	12	3	7	0	4	10	1	13	11	6
3	4	3	2	12	9	5	15	10	11	14	1	7	6	0	8	13

如果该S盒的输入为110011，则其二进制输出为 （26） 。

（26）A．1110　　B．1001　　C．0100　　D．0101

● 外部网关协议（BGP）是不同自治系统的路由器之间交换路由信息的协议，BGP-4使用4种报文：打开报文、更新报文、保活报文和通知报文。其中用来确认打开报文和周期性地证实邻站关系的是 （27） 。

（27）A．打开报文　　B．更新报文　　C．保活报文　　D．通知报文

● 电子邮件系统的邮件协议有发送协议SMTP和接收协议POP3/IMAP4。SMTP发送协议中，发送身份标识的指令是 （28） 。

（28）A．SEND　　B．HELP　　C．HELO　　D．SAML

● （29） 能有效防止重放攻击。

（29）A．签名机制　　B．时间戳机制　　C．加密机制　　D．压缩机制

● 智能卡的片内操作系统（COS）一般由通信管理模块、安全管理模块、应用管理模块和文件管理模块4个部分组成。其中数据单元或记录的存储属于 （30） 。

（30）A．通信管理模块　　B．安全管理模块
　　C．应用管理模块　　D．文件管理模块

● PKI是一种标准的公钥密码密钥管理平台。在PKI中，认证中心（CA）是整个PKI体系中各方都承认的一个值得信赖的、公正的第三方机构。CA的功能不包括 （31） 。

（31）A．证书的颁发　　B．证书的审批　　C．证书的加密　　D．证书的备份

● SM2算法是国家密码管理局于2010年12月17日发布的椭圆曲线公钥密码算法，在我们国家商用密码体系中被用来替换 （32） 算法。

（32）A．DES　　B．MD5　　C．RSA　　D．IDEA

● 数字证书是一种由一个可信任的权威机构签署的信息集合。PKI中的X.509数字证书的内容不包括 （33） 。

（33）A．版本号　　B．签名算法标识
　　C．证书持有者的公钥信息　　D．加密算法标识

● 下列关于数字签名的说法正确的是__（34）__。

（34）A．数字签名不可信　　B．数字签名不可改变
C．数字签名可以否认　　D．数字签名易被伪造

● 含有两个密钥的3DES加密：$C = E_{k_1}[D_{k_2}[E_{k_1}[P]]]$，其中$k_1 \neq k_2$，则其有效的密钥长度为__（35）__。

（35）A．56位　　B．112位　　C．128位　　D．168位

● PDR模型是一种体现主动防御思想的网络安全模型，该模型中D表示__（36）__。

（36）A．Design（设计）　　B．Detection（检测）
C．Defense（防御）　　D．Defend（保护）

● 无线传感器网络（WSN）是由部署在监测区域内大量的廉价微型传感器节点组成，通过无线通信方式形成的一个多跳的自组织网络系统。以下针对WSN安全问题的描述中，错误的是__（37）__。

（37）A．通过频率切换可以有效抵御WSN物理层的电子干扰攻击
B．WSN链路层容易受到拒绝服务攻击
C．分组密码算法不适合在WSN中使用
D．虫洞攻击是针对WSN路由层的一种网络攻击形式

● 有一些信息安全事件是由于信息系统中多个部分共同作用造成的，人们称这类事件为“多组件事故”，应对这类安全事件最有效的方法是__（38）__。

（38）A．配置网络入侵检测系统以检测某些类型的违法或误用行为
B．使用防病毒软件，并且保持更新为最新的病毒特征码
C．将所有公共访问的服务放在网络非军事区（DMZ）
D．使用集中的日志审计工具和事件关联分析软件

● 数据备份通常可分为完全备份、增量备份、差分备份和渐进式备份几种方式。其中将系统中所有选择的数据对象进行一次全面的备份，而不管数据对象自上次备份之后是否修改过的备份方式是__（39）__。

（39）A．完全备份　　B．增量备份　　C．差分备份　　D．渐进式备份

● IPSec协议可以为数据传输提供数据源验证、无连接数据完整性、数据机密性、抗重播等安全服务。其实现用户认证采用的协议是__（40）__。

（40）A．IKE协议　　B．ESP协议　　C．AH协议　　D．SKIP协议

● 网页木马是一种通过攻击浏览器或浏览器外挂程序的漏洞，向目标用户机器植入木马、病毒、密码盗取等恶意程序的手段，为了安全浏览网页，不应该__（41）__。

（41）A．定期清理浏览器缓存和上网历史记录
B．禁止使用ActiveX控件和Java脚本
C．在他人计算机上使用“自动登录”和“记住密码”功能
D．定期清理浏览器Cookies

● 包过滤技术防火墙在过滤数据包时，一般不关心__（42）__。

（42）A．数据包的源地址　　B．数据包的目的地址
C．数据包的协议类型　　D．数据包的内容

- 信息安全风险评估是指确定在计算机系统和网络中每一种资源缺失或遭到破坏对整个系统造成的预计损失数量，是对威胁、脆弱点以及由此带来的风险大小的评估。在信息安全风险评估中，以下说法正确的是__(43)__。

（43）A．安全需求可通过安全措施得以满足，不需要结合资产价值考虑实施成本

B．风险评估要识别资产相关要素的关系，从而判断资产面临的风险大小。在对这些要素的评估过程中，不需要充分考虑与这些基本要素相关的各类属性

C．风险评估要识别资产相关要素的关系，从而判断资产面临的风险大小。在对这些要素的评估过程中，需要充分考虑与这些基本要素相关的各类属性

D．信息系统的风险在实施了安全措施后可以降为零

- 入侵检测技术包括异常入侵检测和误用入侵检测。以下关于误用检测技术的描述中，正确的是__(44)__。

（44）A．误用检测根据对用户正常行为的了解和掌握来识别入侵行为

B．误用检测根据掌握的关于入侵或攻击的知识来识别入侵行为

C．误用检测不需要建立入侵或攻击的行为特征库

D．误用检测需要建立用户的正常行为特征轮廓

- 身份认证是证实客户的真实身份与其所声称的身份是否相符的验证过程。目前，计算机及网络系统中常用的身份认证技术主要有：用户名/密码方式、智能卡认证、动态口令、生物特征认证等。其中能用于身份认证的生物特征必须具有__(45)__。

（45）A．唯一性和稳定性　　B．唯一性和保密性

C．保密性和完整性　　D．稳定性和完整性

- 无论是哪一种 Web 服务器，都会受到 HTTP 协议本身安全问题的困扰，这样的信息系统安全漏洞属于__(46)__。

（46）A．开发型漏洞　　B．运行型漏洞　　C．设计型漏洞　　D．验证型漏洞

- 互联网上通信双方不仅需要知道对方的地址，也需要知道通信程序的端口号。以下关于端口的描述中，不正确的是__(47)__。

（47）A．端口可以泄露网络信息　　B．端口不能复用

C．端口是标识服务的地址　　D．端口是网络套接字的重要组成部分

- 安全电子交易协议（SET）中采用的公钥密码算法是 RSA，采用的私钥密码算法是 DES，其所使用的 DES 有效密钥长度是__(48)__。

（48）A．48 位　　B．56 位　　C．64 位　　D．128 位

- Windows 系统的用户管理配置中，有多项安全设置，其中密码和账户锁定安全选项设置属于__(49)__。

（49）A．本地策略　　B．公钥策略　　C．软件限制策略　　D．账户策略

- 中间人攻击就是在通信双方毫无察觉的情况下，通过拦截正常的网络通信数据，进而对数据进行嗅探或篡改。以下属于中间人攻击的是__(50)__。

（50）A．DNS 欺骗　　B．社会工程攻击　　C．网络钓鱼　　D．旁注攻击

- APT 攻击是一种以商业或者政治目的为前提的特定攻击，其中攻击者采用口令窃听、漏洞攻击

等方式尝试进一步入侵组织内部的个人计算机和服务器，不断提升自己的权限，直至获得核心计算机和服务器控制权的过程称为__（51）__。

（51）A．情报收集　B．防线突破　C．横向渗透　D．通道建立

- 无线局域网鉴别和保密体系（WAPI）是一种安全协议，也是我国无线局域网安全强制性标准，以下关于 WAPI 的描述中，正确的是__（52）__。

（52）A．WAPI 系统中，鉴权服务器（AS）负责证书的颁发、验证和撤销
B．WAPI 与 WIFI 认证方式类似，均采用单向加密的认证技术
C．WAPI 中，WPI 采用 RSA 算法进行加解密操作
D．WAPI 从应用模式上分为单点式、分布式和集中式

- Snort 是一款开源的网络入侵检测系统，它能够执行实时流量分析和 IP 协议网络的数据包记录。以下不属于 Snort 配置模式的是__（53）__。

（53）A．嗅探　B．包记录　C．分布式入侵检测　D．网络入侵检测

- SSL 协议（安全套接层协议）是 Netscape 公司推出的一种安全通信协议，以下服务中，SSL 协议不能提供的是__（54）__。

（54）A．用户和服务器的合法性认证服务　B．加密数据服务以隐藏被传输的数据
C．维护数据的完整性　D．基于 UDP 应用的安全保护

- IPSec 属于__（55）__的安全解决方案。

（55）A．网络层　B．传输层　C．应用层　D．物理层

- 物理安全是计算机信息系统安全的前提，物理安全主要包括场地安全、设备安全和介质安全。以下属于介质安全的是__（56）__。

（56）A．抗电磁干扰　B．防电磁信息泄露　C．磁盘加密技术　D．电源保护

- 以下关于网络欺骗的描述中，不正确的是__（57）__。

（57）A．Web 欺骗是一种社会工程攻击
B．DNS 欺骗通过入侵网站服务器实现对网站内容的篡改
C．邮件欺骗可以远程登录邮件服务器的端口 25
D．采用双向绑定的方法可以有效阻止 ARP 欺骗

- 在我国，依据《中华人民共和国标准化法》可以将标准划分为国家标准、行业标准、地方标准和企业标准4个层次。《信息安全技术 信息系统安全等级保护基本要求》（GB/T 22239－2008）属于__（58）__。

（58）A．国家标准　B．行业标准　C．地方标准　D．企业标准

- 安全电子交易协议（SET）是由 VISA 和 MasterCard 两大信用卡组织联合开发的电子商务安全协议。以下关于 SET 的叙述中，不正确的是__（59）__。

（59）A．SET 协议中定义了参与者之间的消息协议
B．SET 协议能够解决多方认证问题
C．SET 协议规定交易双方通过问答机制获取对方的公开密钥
D．在 SET 中使用的密码技术包括对称加密、数字签名、数字信封技术等

- PKI 中撤销证书是通过维护一个证书撤销列表 CRL 来实现的。以下不会导致证书被撤销的

是 （60） 。

（60）A．密钥泄露　　B．系统升级　　C．证书到期　　D．从属变更

- 以下关于虚拟专用网（VPN）的描述，错误的是 （61） 。

（61）A．VPN不能在防火墙上实现　　B．链路加密可以用来实现VPN
　　C．IP层加密可以用来实现VPN　　D．VPN提供机密性保护

- 常见的恶意代码类型有：特洛伊木马、蠕虫、病毒、后门、Rootkit、僵尸程序、广告软件。2017年5月爆发的恶意代码WannaCry勒索软件属于 （62） 。

（62）A．特洛伊木马　　B．蠕虫　　C．后门　　D．Rootkit

- 防火墙的安全规则由匹配条件和处理方式两部分组成。当网络流量与当前的规则匹配时，就必须采用规则中的处理方式进行处理。其中，拒绝数据包或信息通过，并且通知信息源该信息被禁止的处理方式是 （63） 。

（63）A．Accept　　B．Reject　　C．Refuse　　D．Drop

- 网络流量是单位时间内通过网络设备或传输介质的信息量。网络流量状况是网络中的重要信息，利用流量监测获得的数据，不能实现的目标是 （64） 。

（64）A．负载监测　　B．网络纠错　　C．日志监测　　D．入侵检测

- 在图1给出的加密过程中 M_i（i=1,2,…,n）表示明文分组，C_i（i=1,2,…,n）表示密文分组，IV表示初始序列，K表示密钥，E表示分组加密。该分组加密过程的工作模式是 （65） 。

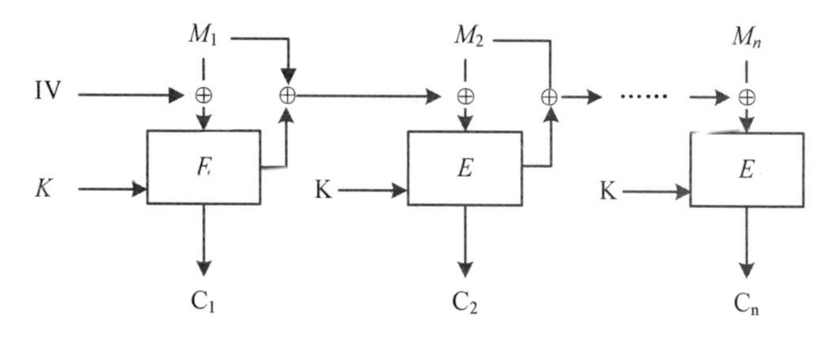

图1　分组加密过程

（65）A．ECB　　B．CTR　　C．CFB　　D．PCBC

- 目前，网络安全形势日趋复杂，攻击手段和攻击工具层出不穷，攻击工具日益先进，攻击者需要的技能日趋下降。以下关于网络攻防的描述中，不正确的是 （66） 。

（66）A．嗅探器Sniffer工作的前提是网络必须是共享以太网
　　B．加密技术可以有效抵御各类系统攻击
　　C．APT的全称是高级持续性威胁
　　D．同步包风暴（SYN Flooding）的攻击来源无法定位

- （67） 攻击是指借助于客户机/服务器技术，将多个计算机联合起来作为攻击平台，对一个或多个目标发动DoS攻击，从而成倍地提高拒绝服务攻击的威力。

（67）A．缓冲区溢出　　B．分布式拒绝服务　C．拒绝服务　　D．口令

- 如果对一个密码体制的破译依赖于对某一个经过深入研究的数学难题的解决，就认为相应的密

码体制是＿（68）＿的。

（68）A．计算安全　　B．可证明安全　　C．无条件安全　　D．绝对安全

- 移位密码的加密对象为英文字母，移位密码采用对明文消息的每一个英文字母向前推移固定化y位的方式实现加密。设key=3，则对应明文MATH的密文为＿（69）＿。

（69）A．OCVJ　　B．QEXL　　C．PDWK　　D．RFYM

- 基于公开密钥的数字签名算法对消息进行签名和验证时，正确的签名和验证方式是＿（70）＿。

（70）A．发送方用自己的公开密钥签名，接收方用发送方的公开密钥验证

B．发送方用自己的私有密钥签名，接收方用自己的私有密钥验证

C．发送方用接收方的公开密钥签名，接收方用自己的私有密钥验证

D．发送方用自己的私有密钥签名，接收方用发送方的公开密钥验证

- The modern study of symmetric-key ciphers relates mainly to the study of block ciphers and stream ciphers and to their applications. A block cipher is, in a sense, a modern embodiment of Alberti's polyalphabetic cipher: block ciphers take as input a block of ＿（71）＿ and a key, and output a block of ciphertext of the same size. Since messages are almost always longer than a single block, some method of knitting together successive blocks is required. Several have been developed, some with better security in one aspect or another than others. They are the mode of operations and must be carefully considered when using a block cipher in a cryptosystem.

The Data Encryption Standard (DES) and the Advanced Encryption Standard (AES) are ＿（72）＿ designs which have been designated cryptography standards by the US government (though DES's designation was finally withdrawn after the AES was adopted). Despite its deprecation as an official standard, DES (especially its still-approved and much more secure triple-DES variant) remains quite popular; it is used across a wide range of applications, from ATM encryption to e-mail privacy and secure remote access. Many other block ciphers have been designed and released, with considerable variation in quality. Many have been thoroughly broken. See Category: Block ciphers.

Stream ciphers, in contrast to the 'block'type, create an arbitrarily long stream of key material, which is combined ＿（73）＿ the plaintext bit-by-bit or character-by-character, somewhat like the one-time pad. In a stream cipher, the output ＿（74）＿ is created based on an internal state which changes as the cipher operates. That state change is controlled by the key, and, in some stream ciphers, by the plaintext stream as well. RC4 is an example of a well-known, and widely used, stream cipher; see Category: Stream ciphers.

Cryptographic hash functions (often called message digest functions) do not necessarily use keys, but are a related and important class of cryptographic algorithms. They take input data (often an entire message), and output a short fixed length hash, and do so as a one-way function. For good ones, ＿（75）＿ (two plaintexts which produce the same hash) are extremely difficult to find.

Message authentication codes (MACs) are much like cryptographic hash functions, except that a secret key is used to authenticate the hash value on receipt. These block an attack against plain hash functions.

（71）A. plaintext　　B. ciphertext　　C. data　　D. hash

（72）A. stream cipher　　B. hash function
　　C. message authentication code　　D. block cipher

（73）A. of　　B. for　　C. with　　D. in

（74）A. hash　　B. stream　　C. ciphertext　　D. plaintext

（75）A. collisons　　B. image　　C. preimage　　D. solution

信息安全工程师机考试卷　第 4 套
应用技术卷

试题一（共 14 分）

阅读下列说明，回答【问题 1】至【问题 6】。

【说明】Linux 系统通常将用户名相关信息存放在/etc/passwd 文件中，假如有/etc/passwd 文件的部分内容如下，请回答相关问题。

```
security@ubuntu:~$cat/etc/passwd
user1:x:0:0:user:/home/user1:/bin/bash
user2:x:1000:1000:ubuntu64:/home/user2:/bin/bash
daemon:x: l:1:daemon:/usr/sbin:/usr/sbin/nologin
bin:x:2:2:bin:/bin:/usr/sbin/nologin
sys:x:3:3:sys:dev:/usr/sbin/nologin
sync:x:4:65534:sync:/bin:/bin/sync
```

【问题 1】（2 分）

口令字文件/etc/passwd 是否允许任何用户访问？

【问题 2】（2 分）

根据上述/etc/passwd 显示的内容，给出系统权限最低的用户名字。

【问题 3】（2 分）

在 Linux 系统中，/etc/passwd 文件中每一行代表一个用户，每行记录又用冒号(:)分隔为 7 个字段，请问 Linux 操作系统是根据哪个字段来判断用户的？

【问题 4】（3 分）

根据上述/etc/passwd 显示的内容，请指出该系统中允许远程登录的用户名。

【问题 5】（2 分）

Linux 系统把用户密码保存在影子文件中，请给出影子文件的完整路径及其名字。

【问题 6】（3 分）

如果使用 ls -al 命令查看影子文件的详细信息，请给出数字形式表示的影子文件访问权限。

试题二（共 13 分）

阅读下列说明，回答【问题 1】至【问题 3】。

【说明】密码学作为信息安全的关键技术，在信息安全领域有着广泛的应用。密码学中，根据加密和解密过程所采用密钥的特点可以将密码算法分为两类：对称密码算法和非对称密码算法。此外，密码技术还用于信息鉴别、数据完整性检验、数字签名等。

【问题1】（6分）

信息安全的基本目标包括真实性、保密性、完整性、不可否认性、可控性、可用性、可审查性等。密码学的三大安全目标C、I、A分别表示什么？

【问题2】（5分）

仿射密码是一种典型的对称密码算法。仿射密码体制的定义如下：

令明文和密文空间$M=C=Z_{26}$，密钥空间

$$K=\{(k_1,k_2)\in Z_{26}\times Z_{26}\ :\gcd(k_1,26)=1\}$$

对任意的密钥$key=\{(k_1,k_2)\in k,\ x\in M,\ y\in C\}$，定义加密和解密的过程如下：

加密：$e_{key}(x)=(k_1x+k_2)\bmod 26$

解密：$d_{key}(y)=k_1^{-1}(y-k_2)\bmod 26$

其中，k_1^{-1}表示k_1在Z_{26}中的乘法逆元，即k_1^{-1}乘以k_1对26取模等于1，$\gcd(k_1,26)=1$表示k_1与26互素。

设已知仿射密码的密钥Key=(11,3)，英文字符和整数之间的对应关系见下表。则：

A	B	C	D	E	F	G	H	I	J	K	L	M
00	01	02	03	04	05	06	07	08	09	10	11	12
N	O	P	Q	R	S	T	U	V	W	X	Y	Z
13	14	15	16	17	18	19	20	21	22	23	24	25

（1）整数11在Z_{26}中的乘法逆元是多少？

（2）假设明文消息为“SEC”，相应的密文消息是什么？

【问题3】（2分）

根据【问题2】中给出的表的对应关系，仿射密码中，如果已知明文“E”对应密文“C”，明文“T”对应密文“F”，则相应的$Key=(k_1,k_2)$等于多少？

试题三（共11分）

阅读下列说明，回答【问题1】至【问题5】。

【说明】假设用户A和用户B为了互相验证对方的身份，设计了如下通信协议：

（1）$A\rightarrow B: R_A$

（2）$B\rightarrow A: f(P_{AB}||R_A)||R_B$

（3）$A\rightarrow B: f(P_{AB}||$______$)$

其中：R_A、R_B是随机数，P_{AB}是双方事先约定并共享的口令，“||”表示连接操作，f是哈希函数。

【问题1】（2分）

身份认证可以通过用户知道什么、用户有什么和用户的生理特征等方法来验证。请问上述通信协议是采用哪种方法实现的？

【问题 2】（2 分）

根据身份的互相验证需求，补充协议第（3）步的空白内容。

【问题 3】（2 分）

通常哈希函数 f 需要满足下列性质：单向性、抗弱碰撞性、抗强碰撞性。如果哈希函数具备：找到任何满足 f(x)=f(y)的偶对(x,y)在计算上是不可行的，请说明满足哪条性质。

【问题 4】（2 分）

上述协议不能防止重放攻击。以下哪种改进方式能使其防止重放攻击？

（1）为发送消息加上时间参量。

（2）为发送消息加上随机数。

（3）为发送消息加密。

【问题 5】（3 分）

如果将哈希函数替换成对称加密函数，是否可以提高该协议的安全性？为什么？

试题四（共 20 分）

阅读下列说明，回答【问题 1】至【问题 4】。

【说明】防火墙类似于我国古代的护城河，可以抵挡敌人的进攻。在网络安全中，防火墙主要用于逻辑隔离外部网络与受保护的内部网络，防火墙通过使用各种安全规则来实现网络的安全策略。

防火墙的安全规则由匹配条件和处理方式两个部分共同构成，网络流量通过防火墙时，根据数据包中的某些特定字段进行计算以后如果满足匹配条件，就必须采用规则中的处理方式进行处理。

【问题 1】（6 分）

假设某企业内部网（202.114.63.0/24）需要通过防火墙与外部网络互连，其防火墙的过滤规则案例见下表。

序号	源地址	源端口	目标地址	目标端口	协议	ACK	动作
A	202.114.63.0/24	>1024	*	80	TCP	*	accept
B	*	80	202.114.63.0/24	>1024	TCP	Yes	accept
C	*	>1024	202.114.63.125	80	TCP	*	accept
D	202.114.63.125	80	*	>1024	TCP	Yes	accept
E	202.114.63.0/24	>1024	*	（1）	UDP	*	accept
F	*	53	202.114.63.0/24	>1024	UDP	*	accept
G	*	*	*	*	*	*	（2）

注：“*”表示通配符，任意服务端口都有两条规则。

请补充上表中的（1）和（2）空白处，并根据上述规则表给出该企业对应的安全需求。

【问题 2】（4 分）

一般来说，安全规则无法覆盖所有的网络流量，因此防火墙都有一条默认规则，该规则能覆盖事先无法预料的网络流量，请问默认规则的两种选择是什么？

【问题 3】（6 分）

请给出防火墙规则中的 3 种数据包处理方式。

【问题 4】（4 分）

防火墙的目的是实施访问控制和加强站点安全策略，其访问控制包含 4 个方面的内容：服务控制、方向控制、用户控制和行为控制。请问上表中，规则 A 涉及访问控制的哪几个方面的内容？

试题五（共 17 分）

阅读下列说明和图，回答【问题 1】至【问题 4】。

【说明】信息系统安全开发生命周期（Security Development Life Cycle，SDLC）是微软提出的从安全角度指导软件开发过程的管理模式，它将安全纳入信息系统开发生命周期的所有阶段，各阶段的安全措施与步骤如下图所示。

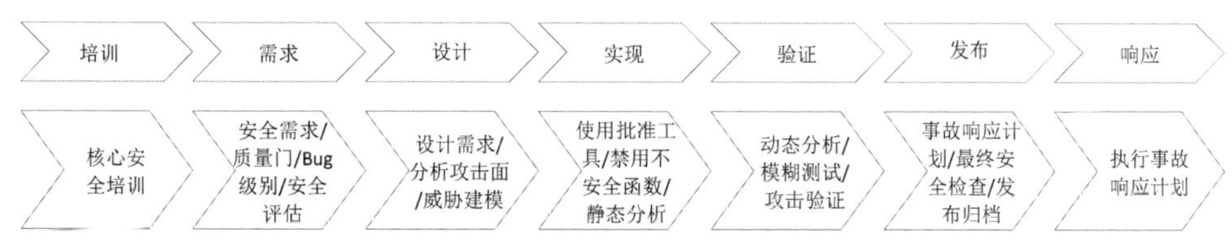

【问题 1】（4 分）

在培训阶段，需要对员工进行安全意识培训，要求员工向弱口令说不！针对弱口令最有效的攻击方式是什么？以下口令中，密码强度最高的是（______）。

A．security2019　　B．2019Security　　C．Security@2019　　D．Security2019

【问题 2】（6 分）

大数据时代，个人数据正被动地被企业搜集并利用，在需求分析阶段，需要考虑采用隐私保护技术防止隐私泄露，从数据挖掘的角度，隐私保护技术主要有：基于数据失真的隐私保护技术、基于数据加密的隐私保护技术、基于数据匿名的隐私保护技术。

请问以下隐私保护技术分别属于上述 3 种隐私保护技术的哪一种？

（1）随机化过程修改敏感数据。

（2）基于泛化的隐私保护技术。

（3）安全多方计算隐私保护技术。

【问题 3】（4 分）

有下述口令验证代码：

```
#define PASSWORD "1234567"
int verity password(char *password)
{
    int authenticated;
    char buffer[8];
    authenticated="strcmp(password,PASSWORD);
    strcpy(buffer, password);
    return authenticated;
}
    int main(int argc, char*argy[])
{
int valid-flag=0
    char password[1024]
    while （1）
```

```
    {
        printf("please input password: ");
        scanf("%s",password);
        valid_flag= verity password(password);/验证口令
        if(valid-flag)   //口令无效
        {
            printf("incorrect password!\n\n ");
        }
        else // 口令有效
        {
            printf(Congratulation! You have passed the verification!\n");
            break;
        }
    }
}
```

其中，main 函数在调用 verify-password 函数进行口令验证时，堆栈的布局如下图所示。

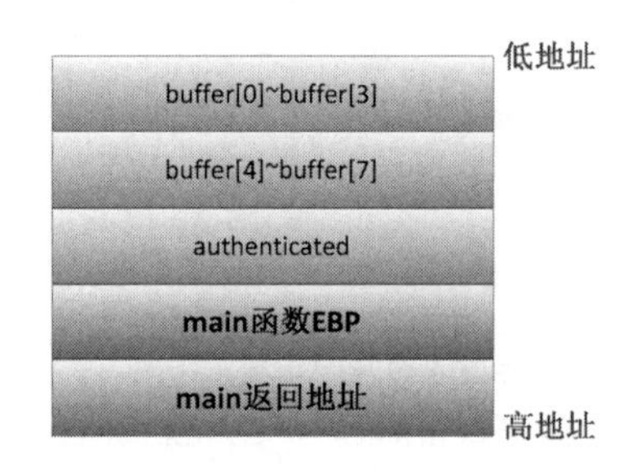

请问调用 verify-password 函数的参数满足什么条件，就可以在不知道真实口令的情况下绕过口令验证功能？

【问题 4】（3 分）

S-SDLC 安全开发模型的实现阶段给出了 3 种可以采取的安全措施，请结合【问题 3】的代码举例说明。

信息安全工程师机考试卷　第 4 套
基础知识卷参考答案/试题解析

（1）**参考答案**：C

试题解析　2019 年 10 月 26 日第十三届全国人民代表大会常务委员会第十四次会议通过了《中华人民共和国密码法》，该法自 2020 年 1 月 1 日起施行。

（2）**参考答案**：B

试题解析　国密算法即国家密码局认定的国产密码算法，其中包括了 SM1、SM2、SM3、SM4 等。其中，SM1 是对称加密算法，加密强度为 128 位，采用硬件实现；SM2 为公钥算法，加密强度为 256 位；SM3 是密码杂凑算法，杂凑值长度为 32 字节；SM4 是分组密码算法。

（3）**参考答案**：D

试题解析　CC 标准的 3 个部分中，第 1 部分“简介和一般模型”，正文介绍了 CC 中的有关术语、基本概念和一般模型以及与评估有关的一些框架，附录介绍了“保护轮廓”和“安全目标”的基本内容；第 2 部分“安全功能要求”，提出了技术要求；第 3 部分“安全保证要求”，定义了评估保证级别，介绍了“保护轮廓”和“安全目标”的评估，提出了非技术要求和对开发过程、工程过程的要求。

（4）**参考答案**：A

试题解析　纵深防御原则是指不能依赖单一安全机制，而应该借助多种机制，相互支持达到安全目的。最小特权原则为对象赋予完成任务的必需的最小特权，并且不超越这个权限。木桶原则是系统的不安全程度由最薄弱的部分决定，只要某一组成部分存在漏洞，系统就容易被入侵者从此处攻破。最小泄露原则是指按照主体所需要知道最小信息的原则分配给主体权利。

（5）**参考答案**：A

试题解析　《网络安全审查办法》是依据《中华人民共和国国家安全法》和《中华人民共和国网络安全法》制定发布的。

（6）**参考答案**：C

试题解析　选择明文攻击中，密码分析者不仅可得到一些“明文-密文”对，还可以选择被加密的明文，并获得相应的密文，适于攻击计算机文件系统和数据库系统。比如 Windows 系统的数据库 SuperBase 的密码就被选择明文方法破译。

（7）**参考答案**：C

试题解析　认证能有效阻止主动攻击，加密能有效阻止被动攻击。

（8）**参考答案**：D

试题解析　个人隐私信息分为一般属性、标识属性和敏感属性。一般属性用于识别个体，属于需要保护的首要信息，如姓名、身份证号、指纹、肖像等。标识属性是指具有个人特征、能间接识别个体的属性，如性别、年龄、学历。敏感属性是指不愿让其他人获取的个人信息，如收入、财产、病史、犯罪记录等。

（9）参考答案：A

试题解析　访问控制就是确保资源不被非法用户访问，确保合法用户只能访问授权资源。访问控制的任务就是授权，不包括审计。

（10）参考答案：D

试题解析　网卡是计算机的通信设备，有4种状态。①Unicast（单播）：该模式下，网卡接收目的地址为本网卡地址的报文；②Broadcast（广播）：该模式下，网卡接收广播报文；③Multicast（组播）：该模式下，网卡接收特定组播报文；④Promiscuous（混杂模式）：该模式下，网卡接收所有报文。

（11）参考答案：C

试题解析　数字签名只能保证消息不被伪造、无篡改、无泄密。但不能保证传输的消息的正确性。

（12）参考答案：B

试题解析　A、C、D选项中的3个地址范围是RFC1918规定的地址范围。

（13）参考答案：D

试题解析　被动攻击只是窥探、窃取、分析重要信息，但不影响网络、服务器的正常工作。

（14）参考答案：C

试题解析　保密性（Confidentiality）：信息仅被合法用户访问（浏览、阅读、打印等），不被泄露给非授权的用户、实体或过程。

（15）参考答案：D

试题解析　目前在操作系统中实现的自主访问控制机制是基于矩阵的行或列表达访问控制信息。

1）基于行的自主访问控制机制，在每个主体上都附加一个该主体可访问的客体的明细表。

2）基于列的自主访问控制机制，在每个客体上都附加一个可访问它的主体的明细表。

自主访问控制模型的典型代表有HRU模型（Harrison、Ruzzo、Ullman访问控制矩阵模型）、Jones取予模型（Take-Grant模型）、动作-实体模型等。

强制访问控制的典型代表有BLP模型（Bell-LaPadula模型）、基于角色的存取控制模型、Clark-Wilson模型、BN模型（Brewer Nash Chinese Wall模型）等。在数据库安全领域，还有Wood模型、Smith Winslett模型等。

（16）参考答案：C

试题解析　认证有第三方参与的形式。

（17）参考答案：B

试题解析　实现VPN的关键技术主要有隧道技术、加/解密技术、密钥管理技术和身份认证技术。

（18）参考答案：A

试题解析　Android系统采用分层的系统架构，分为4层，从高到低分别是应用程序层、应用程序框架层、系统运行库层和Linux核心层。

（19）**参考答案**：D

试题解析 加密文件系统（Encrypting File System，EFS）是基于公钥的数据加/解密，使用标准X.509证书，一个用户要访问一个已加密的文件，可以加密NTFS分区上的文件和文件夹，能够实时、透明地对磁盘上的数据进行加密，就必须拥有与文件加密公钥对应的私钥。

（20）**参考答案**：C

试题解析 数字水印技术是指在数字化的源数据（如图像、音频、视频等）内容中嵌入隐藏记号，并与源数据成为不可分离的一部分。隐藏记号通常不可见，但可被计算机检测或被提取。

水印可以分为秘密水印（非盲化水印）、半秘密水印（半盲化水印）、公开水印（盲化或健忘水印）。

秘密水印也称盲化水印，其验证过程仍然需要原始秘密信息。

（21）**参考答案**：B

试题解析 僵尸网络（Botnet）是指采用一种或多种手段（主动攻击漏洞、邮件病毒、即时通信软件、恶意网站脚本、特洛伊木马）使大量主机感染bot程序（僵尸程序），从而在控制者和被感染主机之间所形成的一个可以一对多控制的网络。

（22）**参考答案**：A

试题解析 计算机取证主要是围绕电子证据进行的。电子证据具有高科技性、无形性和易破坏性等特点。

计算机取证的特点是：

1）取证是在犯罪进行中或之后，开始收集证据。

2）取证需要重构犯罪行为。

3）为诉讼提供证据。

4）网络取证困难，且完全依靠所保护信息的质量。

为了保证调查工具的完整性，需要对所有工具进行MD5等校验处理。

（23）**参考答案**：C

试题解析 多级安全模型中主体对客体的访问主要有4种方式，即：

1）向下读（read down）：主体级别高于客体级别时允许读操作。

2）向上读（read up）：主体级别低于客体级别时允许读操作。

3）向下写（write down）：主体级别高于客体级别时允许执行或写操作。

4）向上写（write up）：主体级别低于客体级别时允许执行或写操作。

（24）**参考答案**：D

试题解析 Script开头的就是脚本病毒。

（25）**参考答案**：B

试题解析 蜜罐是网络管理员经过周密布置而设下的“黑匣子”，看似漏洞百出却尽在掌握之中，它收集的入侵数据十分有价值。网络蜜罐技术是一种主动防御技术，是入侵检测技术的一个重要发展方向。

（26）**参考答案**：A

试题解析 110011 对应的行为 11，列为 1001，也就是 3 行 9 列。查 S 盒表得到 14，化成二进制为 1110。

（27）**参考答案**：C

试题解析 BGP 常见 4 种报文：打开报文、保活报文、更新报文和通知报文。

1）打开报文：建立邻居关系。

2）保活报文：保持活动状态，周期性确认邻居关系，对打开报文回应。

3）更新报文：发送新的路由信息。

4）通知报文：报告检测到的错误。

（28）**参考答案**：C

试题解析 SMTP 命令列表：

HELO：客户端为标识自己的身份而发送的命令（通常带域名）。

EHLO：使服务器可以表明自己支持扩展简单邮件传输协议（ESMTP）命令。

MAIL FROM：标识邮件的发件人；以 MAIL FROM: 的形式使用。

RCPT TO：标识邮件的收件人；以 RCPT TO: 的形式使用。

TURN：允许客户端和服务器交换角色，并在相反的方向发送邮件，而不必建立新的连接。

ATRN（Authenticated TURN）：命令可以选择将一个或多个域作为参数。如果该会话已通过身份验证，则 ATRN 命令一定会被拒绝。

（29）**参考答案**：B

试题解析 一般来说，加入时间量或者使用一次性口令等，可以抵御重放攻击。

（30）**参考答案**：D

试题解析 智能卡的片内操作系统（COS）一般由通信管理模块、安全管理模块、应用管理模块和文件管理模块 4 个部分组成。其中数据单元或记录的存储属于文件管理模块。

（31）**参考答案**：C

试题解析 CA 负责电子证书的申请、签发、制作、废止、认证和管理，提供网上客户身份认证、数字签名、电子公证、安全电子邮件等服务业务。证书是公开的，CA 不需要加密。

（32）**参考答案**：C

试题解析 SM2 算法和 RSA 算法都是公钥密码算法，SM2 算法是一种更先进安全的算法，在我们国家商用密码体系中被用来替换 RSA 算法。

（33）**参考答案**：D

试题解析 在 X.509 标准中，包含在数字证书中的数据域有证书、版本号、序列号（唯一标识每一个 CA 下发的证书）、算法标识、颁发者、有效期、有效起始日期、有效终止日期、使用者、使用者公钥信息、公钥算法、公钥、颁发者唯一标识、使用者唯一标识、扩展、证书签名算法、证书签名（发证机构，即 CA 对用户证书的签名）。

（34）**参考答案**：B

试题解析 签名不可改变。

（35）**参考答案**：B

试题解析 3DES 有两种加密方式：

1）第一、第三次加密使用同一密钥，这种方式的密钥长度 128 位（112 位有效）。

2）三次加密使用不同密钥，这种方式的密钥长度 192 位（168 位有效）。

（36）**参考答案**：B

试题解析 入侵检测基本模型是 PDR 模型，是最早体现主动防御思想的一种网络安全模型。PDR 模型包括**防护、检测、响应** 3 个部分。

1）防护（Protection）：用一切措施保护网络、信息以及系统的安全。包含的措施有加密、认证、访问控制、防火墙以及防病毒等。

2）检测（Detection）：了解和评估网络和系统的安全状态，为安全防护和响应提供依据。检测技术主要包括入侵检测、漏洞检测以及网络扫描等技术。

3）响应（Response）：发现攻击企图或者攻击之后，系统及时地进行反应。响应在模型中占有相当重要的地位。

（37）**参考答案**：C

试题解析 WSN 的媒体访问控制子层就很容易受到拒绝服务攻击。虫洞攻击通常是由两个以上的恶意节点共同合作发动攻击，两个处于不同位置的恶意节点会互相把收到的绕路信息，经由私有的通信管道传给另一个恶意节点。

WSN 结合序列密码和分组密码实现安全保障。

（38）**参考答案**：D

试题解析 有一些信息安全事件是由于信息系统中多个部分共同作用造成的，人们称这类事件为“多组件事故”，应对这类安全事件最有效的方法是使用集中的日志审计工具和事件关联分析软件。

（39）**参考答案**：A

试题解析

1）完全备份：将系统中所有的数据信息全部备份。

2）差分备份：每次备份的数据是相对于上一次全备份之后新增加的和修改过的数据。

3）增量备份：备份自上一次备份（包含完全备份、差分备份、增量备份）之后所有变化的数据（含删除文件信息）。

4）渐进式备份（又称只有增量备份、连续增量备份）：只在初始时做全备份，以后只备份变化（新建、改动）的文件，比上述 3 种备份方式具有更少的数据移动、更好的性能。

（40）**参考答案**：C

试题解析 SKIP 协议是服务于面向无会话的数据报协议，如 IPv4 和 IPv6 的密钥管理机制，它是基于内嵌密钥的密钥管理协议。

认证头（Authentication Header，AH）是 IPSec 体系结构中的一种主要协议，它为 IP 数据报提供完整性检查与数据源认证，并防止重放攻击。

（41）**参考答案**：C

试题解析 为了安全浏览网页，不应该在他人计算机上使用“自动登录”和“记住密码”功能。

（42）**参考答案**：D

试题解析 包过滤防火墙主要针对OSI模型中的网络层和传输层的信息进行分析。通常包过滤防火墙用来控制IP、UDP、TCP、ICMP和其他协议。包过滤防火墙对通过防火墙的数据包进行检查，只有满足条件的数据包才能通过，对数据包的**检查内容**一般包括**源地址、目的地址和协议**。包过滤防火墙通过规则（如ACL）来确定数据包是否能通过。配置了ACL的防火墙可以看成包过滤防火墙。

（43）**参考答案**：C

试题解析 风险评估要识别资产相关要素的关系，从而判断资产面临的风险大小。在对这些要素的评估过程中，需要充分考虑与这些基本要素相关的各类属性。

（44）**参考答案**：B

试题解析 1）异常检测（也称基于行为的检测）：把用户习惯行为特征存入特征库，将用户当前行为特征与特征数据库中存放的特征比较，若偏差较大，则认为出现异常。

2）误用检测：通常由安全专家根据攻击特征、系统漏洞进行分析，然后手工地编写相应的检测规则、特征模型。误用检测假定攻击者会按某种规则、针对同一弱点进行再次攻击。

（45）**参考答案**：A

试题解析 与传统身份认证技术相比，生物识别技术具有以下特点：

1）随身性：生物特征是人体固有的特征，与人体是唯一绑定的，具有随身性。

2）安全性：人体特征本身就是个人身份的最好证明，满足更高的安全需求。

3）唯一性：每个人拥有的生物特征各不相同。

4）稳定性：生物特征如指纹、虹膜等人体特征不会随时间等条件的变化而变化。

5）广泛性：每个人都具有这种特征。

6）方便性：生物识别技术不需记忆密码与携带使用特殊工具（如钥匙），不会遗失。

7）可采集性：选择的生物特征易于测量。

8）可接受性：使用者对所选择的个人生物特征及其应用愿意接受。

（46）**参考答案**：C

试题解析 无论是哪一种Web服务器，都会受到HTTP协议本身安全问题的困扰，这样的信息系统安全漏洞属于设计型漏洞。

（47）**参考答案**：B

试题解析 端口是可以复用的。

（48）**参考答案**：B

试题解析 DES分组长度为64比特，使用56比特密钥对64比特的明文串进行16轮加密，得到64比特的密文串。其中，使用密钥为64比特，实际使用56比特，另外8比特用作奇偶校验。

（49）**参考答案**：D

试题解析 Windows系统的用户管理配置中，有多项安全设置，其中密码和账户锁定安全选项设置属于账户策略。

（50）**参考答案**：A

试题解析 DNS欺骗属于中间人攻击。

（51）**参考答案**：B

试题解析 攻击者采用口令窃听、漏洞攻击等方式尝试进一步入侵组织内部的个人计算机和服务器，不断提升自己的权限，直至获得核心计算机和服务器控制权的过程被称为防线突破。

（52）**参考答案**：A

试题解析 WAPI 安全系统采用公钥密码技术，鉴权服务器（AS）负责证书的颁发、验证和撤销等。

（53）**参考答案**：C

试题解析 Snort 的配置有 3 个主要模式：嗅探、包记录和网络入侵检测。

（54）**参考答案**：D

试题解析 SSL 协议处于应用层和传输层之间，是一个两层协议，所以不能保证 UDP 的应用。

（55）**参考答案**：A

试题解析 IPSec 协议在隧道外面再封装，保证了隧道在传输过程中的安全。该协议是第 3 层隧道协议。

（56）**参考答案**：C

试题解析 介质安全指介质数据和介质本身的安全，包括磁盘信息加密技术和磁盘信息清除技术。

（57）**参考答案**：B

试题解析 DNS 欺骗首先是冒充域名服务器，然后把查询的 IP 地址设为攻击者的 IP 地址，这样用户上网就只能看到攻击者的主页，而不是访问者要访问的真正主页，这就是 DNS 欺骗的基本原理。

DNS 欺骗其实并没有“黑掉”对方的网站，而是冒名顶替、招摇撞骗。

（58）**参考答案**：A

试题解析 我国国家标准代号：强制性标准代号为 GB，推荐性标准代号为 GB/T。

（59）**参考答案**：C

试题解析 在 SET 协议中主要定义了以下内容：

1）加密算法的应用。

2）证书消息和对象格式。

3）购买消息和对象格式。

4）请款消息和对象格式。

5）参与者之间的消息协议。

（60）**参考答案**：B

试题解析 当用户个人身份信息发生变化或私钥丢失、泄露、疑似泄露时，证书用户应及时地向 CA 提出证书的撤销请求，CA 也应及时地把此证书放入公开发布的证书撤销列表（Certification Revocation List，CRL）。

系统升级不会导致证书被撤销。

（61）**参考答案**：A

试题解析 现在很多防火墙自带 VPN 功能。

（62）**参考答案**：B

试题解析 WannaCry 是一种“蠕虫式”的勒索病毒软件。

（63）**参考答案**：B

试题解析 防火墙的安全规则中的处理方式主要包括以下几种：

1）Accept：允许数据包或信息通过。

2）Reject：拒绝数据包或信息通过，并且通知信息源该信息被禁止。

3）Drop：直接将数据包或信息丢弃，并且不通知信息源。

（64）**参考答案**：C

试题解析 网络流量状况是网络中的重要信息，利用流量监测获得的数据，不能实现的目标是日志监测。

（65）**参考答案**：D

试题解析 明密文链接方式中，输入是前一组密文和前一组明文异或之后，再与当前明文组异或，成为当前输入。CBC 的明密文链接方式下：加密和解密均会引发错误传播无界。

PCBC 模式与 CBC 模式类似，只是在加解密时，不但要与上一个密文异或，还要与上一个明文进行异或。

（66）**参考答案**：B

试题解析 加密技术不能防止拒绝服务攻击。

（67）**参考答案**：B

试题解析 分布式拒绝服务攻击是指借助于客户机/服务器技术，将多个计算机联合起来作为攻击平台，对一个或多个目标发动 DoS 攻击，从而成倍地提高拒绝服务攻击的威力。

（68）**参考答案**：B

试题解析 评估密码系统安全性主要有 3 种方法，即：

1）无条件安全：假定攻击者拥有无限的资源（时间、计算能力），仍然无法破译加密算法。无条件安全属于极限状态安全。

2）计算安全：破解加密算法所需要的资源是现有条件不具备的，则表明强力破解证明是安全的。计算安全属于强力破解安全。

3）可证明安全：密码系统的安全性归结为经过深入研究的数学难题（例如大整数素因子分解、计算离散对数等）。可证明安全属于理论保证安全。

（69）**参考答案**：C

试题解析 移位密码的加密对象为英文字母，移位密码采用对明文消息的每一个英文字母向前推移固定位的方式实现加密。

英文字符与数值的对应关系见下表。

英文字符与数值的对应关系

A	B	C	D	E	F	G	H	I	J	K	L	M
0	1	2	3	4	5	6	7	8	9	10	11	12
N	O	P	Q	R	S	T	U	V	W	X	Y	Z
13	14	15	16	17	18	19	20	21	22	23	24	25

设 key=3，则加密变换公式为：c=(m+3)mod 26。

由于 M=12，则 c=(m+3)mod 26=15，加密后为 P。

由于 A=0，则 c=(m+3)mod 26=3，加密后为 D。

由于 T=19，则 c=(m+3)mod 26=22，加密后为 W。

由于 H=7，则 c=(m+3)mod 26=10，加密后为 K。

（70）**参考答案**：D

试题解析 基于公开密钥的数字签名算法对消息进行签名和验证时，正确的签名和验证方式是发送方用自己的私有密钥签名，接收方用发送方的公开密钥验证。

（71）～（75）**参考答案**：A D C B A

试题翻译 对称密钥密码的现代研究主要涉及分组密码和流密码的研究及其应用。在某种意义上，分组密码是阿尔贝蒂多字母密码的现代体现：分组密码以明文和密钥作为输入，并输出相同大小的密文块。由于消息几乎总是比单一的块要长，因此需要一些将连续块连接在一起的方法。而已开发的这些方法中，有些方法在某些方面更具安全性。这些方法属于分组密码的操作模式，在使用中必须仔细考虑。

数据加密标准（DES）和高级加密标准（AES）是美国政府指定的分组密码算法（尽管在 AES 被采纳后 DES 被废除）。尽管 DES 作为一种官方标准受到了抨击，但它仍然非常流行（特别是它更安全的变体 3DES 仍然被认可）；它被广泛应用，从 ATM 加密到电子邮件隐私和安全的远程访问。许多其他的已经设计和发布的块密码算法，在质量上也有了相当大的变化。很多已经被彻底抛弃了。参见类别：分组密码。

与“块密码”不同，流密码创建任意长的密钥流，密钥流与明文逐位或逐字符组合，有点像一次性的便笺纸。在流密码中，输出流是基于内部状态创建的，内部状态随着密码的操作而变化。这种状态变化由密钥控制，在某些流密码中，也由明文流控制。RC4 属于一个知名的、广泛使用的流密码。参见类别：流密码。

加密哈希函数（通常称为消息摘要函数）不一定使用密钥，但却是一类相关的重要加密算法。它们接受输入数据（通常是整个消息），并输出一个固定长度的短散列，作为单向函数执行此操作。对于好的一个消息摘要函数，碰撞（产生相同散列的两个明文）是非常难找到的。

消息认证码（MACs）具有许多加密散列函数的功能，除了使用一个秘密密钥来认证接收机的 hash 值外。该功能用于阻止对普通 hash 函数的攻击。

信息安全工程师机考试卷　第 4 套
应用技术卷参考答案/试题解析

试题一

【问题 1】

参考答案　允许

试题解析　/etc/passwd 文件是系统用户配置文件，因为文件中存储了所有用户的宿主目录、shell 等信息，因此所有用户都可以对此文件执行读（r）操作。

【问题 2】

参考答案　user2

试题解析　Linux 系统中用户有用户 ID 和组 ID 两个内部标识，其中用户 ID 的范围是 0～65535，其中 0 是超级用户 root 的标识号；1～99 由系统保留，作为管理预设账号；100～499 保留给一些服务使用；500～65535 给一般用户使用。从题干来看，只有 user2 的用户 ID 是 1000，对应的是普通用户，而其他用户的 ID 要么是系统管理员，要么是管理预设账号，权限通常比普通用户的高。

【问题 3】

参考答案　UID

试题解析　/etc/passwd 文件用于用户登录时校验用户的口令，文件中每行的一般格式为：

LOGNAME:PASSWORD:UID:GID:USERINFO:HOME:SHELL

每行的头两项是登录名和加密后的口令，后面的两个数是 UID 和 GID，接着的一项是系统管理员想写入的有关该用户的任何信息，最后两项是两个路径名：第一个是分配给用户的 HOME 目录，第二个是用户登录后将执行的 shell，如果为空格则表示默认的是/bin/sh。

用户标识号（UID）是一个整数，系统内部用它来标识用户，一般情况下它与用户名是一一对应的。如果几个用户名对应的用户标识号是一样的，系统内部将把它们视为同一个用户，但是它们可以有不同的口令、不同的主目录以及不同的登录 Shell 等，因此判断用户身份的是 UID。

【问题 4】

参考答案　user1、user2

试题解析　Shell 是用户登录到系统后运行的命令解释器或某个特定的程序，是用户与 Linux 系统之间的接口。Linux 系统的 Shell 有许多种，每种都有不同的特点。系统管理员可以根据系统情况和用户习惯为用户指定某个 Shell。如果不指定 Shell，那么系统使用 sh 为默认的登录 Shell，此时这个字段的值为/bin/sh。Linux 系统可以使用 nologin 确定用户是否可以登录系统，在某用户信息后添加 nologin 之后，用户不能登录系统，但可以登录 FTP、SAMBA 等。

根据题干信息，daemon、sys 和 bin 后面有禁止登录信息。同时要注意，有一些系统账户如 daemon、

bin、sync 等，是为了管理相关服务，不能远程登录系统的 Shell。

【问题 5】

参考答案 /etc/shadow

试题解析 有些 Linux 系统中口令不再直接保存在 passwd 文件中，通常将 passwd 文件中的口令字段使用一个“x”来代替，/etc/shadow 则成为了真正的口令文件，用于保存口令数据。

【问题 6】

参考答案 400 或者 000

试题解析 shadow 文件是不能被普通用户读取的，只有超级用户才有权读取。/etc/shadow 文件的默认权限一般是 400。某些版本系统是 000，表示只有 root 可以读写这个文件。

试题二

【问题 1】

参考答案 C、I、A 分别表示保密性、完整性、可用性。

试题解析 密码学的安全目标至少包含以下 3 个方面。

（1）**保密性（Confidentiality）**：信息仅被合法用户访问（浏览、阅读、打印等），不被泄露给非授权的用户、实体或过程。

提高保密性的手段有：防侦察、防辐射、数据加密、物理保密等。

（2）**完整性（Integrity）**：资源只有授权方或以授权的方式进行修改，所有资源没有授权则不能修改。保证数据的完整性，就是保证数据不能被偶然或者蓄意地编辑（修改、插入、删除、排序）或者攻击（伪造、重放）。

影响完整性的因素有：故障、误码、攻击、病毒等。

（3）**可用性（Availability）**：资源只有在适当的时候被授权方访问，并按需求使用。

【问题 2】

参考答案 （1）19 （2）TVZ

试题解析 （1）由于 k_1^{-1} 表示 k_1 在 Z_{26} 中的乘法逆元，即 k_1^{-1} 乘以 k_1 对 26 取模等于 1，$gcd(k_1,26)=1$ 表示 k_1 与 26 互素。

得到公式 $k_1^{-1} \times k_1 \equiv 1 \bmod 26$，即 $(k_1^{-1} \times k_1 - 1) \bmod 26 = 0$。

其中，题目已知 $k_1=11$，代入求解得到 $k_1^{-1}=19$。

（2）定义加密和解密的过程如下：

由于加密过程：$e_{key}(x)=(k_1x+k_2) \bmod 26$，而密钥 Key=(11,3)，所以 $k_1=11$，$k_2=3$。

SEC 对应的值分别为 18、4、2，代入 x，可以算出结果。

$(11\times18+3) \bmod 26=19$，查表得到 T；

$(11\times4+3) \bmod 26=21$，查表得到 V；

$(11\times2+3) \bmod 26=25$，查表得到 Z。

【问题 3】

参考答案 $k_1=21$；$k_2=22$

试题解析 根据【问题 2】中的表可以得到，明文 E=4、T=19；对应的密文 C=2、F=5。

代入加密过程 $e_{key}(x)=(k_1x+k_2) \bmod 26$ 可以得到方程组，即：

$$(k_1 4+k_2) \bmod 26=2$$

$$(k_1 19+k_2) \bmod 26=5$$

且仿射密码中 k_1 要求与 26 互素，则 k_1 只能取{1、3、5、7、9、11、15、17、19、21、23、25}中的某一个数字。

求解可得，$k_1=21$，$k_2=22$。

试题三

【问题 1】

参考答案 通过用户知道什么来验证。

试题解析 口令可以看成接收双方预先约定的秘密数据，它用来验证用户知道什么。

【问题 2】

参考答案 R_B

试题解析 以下是本题通信过程的解释：

（1）A→B: R_A　　　　//A 发送随机数 R_A 给 B

（2）B→A: $f(P_{AB}||R_A)||R_B$　　　　//B 收到 R_A 后，使用单向函数 f()对共享口令 P_{AB} 和 R_A 处理加密后，连同 R_B 一并发送给 A。

A 验证 B 的身份：A 使用 f()对自己保存的 P_{AB} 和 R_A 进行加密，并与接收到的 $f(P_{AB}||R_A)$进行比较。如果比较结果一致，则 A 确认 B 是真实的，否则，不是真实的。

（3）A→B: $f(P_{AB}||R_B)$　　　　//A 收到 R_B 后，使用单向函数 f()对共享口令 P_{AB} 和 R_B 处理加密后，发送给 B。

B 验证 A 的身份：B 使用 f()对自己保存的 P_{AB} 和 R_B 进行加密，并与接收到的 $f(P_{AB}||R_B)$进行比较。如果比较结果一致，则 A 确认 B 是真实的，否则，不是真实的。

【问题 3】

参考答案 抗强碰撞性

试题解析 哈希函数的三大特性：①单向性：已知 x，求 x=h(m)的 m 在计算上不可行的；②抗弱碰撞性：对于任意给定的消息 m，如果找到另一不同的消息 m′，使得 h(m) =h(m′)在计算上是不可行的；③抗强碰撞性：寻找两个不同的消息 m 和 m′，使得 h(m) =h(m′)在计算上是不可行的。

【问题 4】

参考答案 （1）和（2）

试题解析 加随机数、时间戳、序号等方法可以防止重放攻击。

【问题 5】

参考答案 不能（1 分）

对称加密方式密钥不具备哈希函数的单向性（2 分）

试题解析 对称加密方式密钥存在分发和管理困难问题；同时不具备哈希函数的单向性。

试题四

【问题1】

参考答案 （1）53 （2）drop

企业对应的安全需求有：①允许内部用户访问外部网络的网页服务器；②允许外部用户访问内部网络的网页服务器（202.114.63.125）；③除①和②外，禁止其他任何网络流量通过防火墙。

试题解析 本题考查防火墙过滤规则设置的相关知识。

【问题2】

参考答案 两种默认规则选择是默认拒绝或者默认允许。

试题解析 两种默认规则选择是默认拒绝或者默认允许。默认拒绝是指一切未被允许的就是禁止的，其安全规则的处理方式一般为accept；默认允许是指一切未被禁止的就是允许的，其安全规则的处理方式一般为reject或drop。

【问题3】

参考答案 accept、reject、drop

试题解析 大多数防火墙规则中的处理方式主要包括以下3种。

（1）accept：允许数据包或信息通过。

（2）reject：拒绝数据包或信息通过，并且通知信息源该信息被禁止。

（3）drop：将数据包或信息直接丢弃，并且不通知信息源。

【问题4】

参考答案 服务控制、方向控制和用户控制。

试题解析 防火墙的目的是实施访问控制和加强站点安全策略，其访问控制包含4个方面或层次的内容。

（1）服务控制：控制内部或者外部的服务哪些可以被访问。服务常对应TCP/IP协议中的端口，例如110就是POP3服务，80就是Web服务，25就是SMTP服务。

（2）方向控制：决定特定方向发起的服务请求可以通过防火墙。需确定服务是在内网还是在外网。可以限制双向的服务。

（3）用户控制：决定内网或者外网用户可以访问哪些服务。用户可以使用用户名、IP地址、MAC地址表示。

（4）行为控制：进行内容过滤。如过滤网络流量中的病毒、木马或者垃圾邮件。

试题五

【问题1】

参考答案 针对弱口令最有效的攻击方式是穷举攻击（2分）

C（2分）

试题解析 如果启用“密码必须符合复杂性要求”策略，密码必须符合下列最低要求，即：

（1）不能包含用户的账户名，不能包含用户姓名中超过两个连续字符的部分。

（2）至少有6个字符长。

（3）包含以下四类字符中的三类字符：英文大写字母（A～Z），英文小写字母（a～z），10个基本数字（0～9），非字母字符（例如 !、$、#、%）。

启用“密码必须符合复杂性要求”策略后，操作系统会在更改或创建密码时执行复杂性要求。

【问题 2】

参考答案

（1）随机化过程修改敏感数据属于**基于数据失真的隐私保护技术。**

（2）基于泛化的隐私保护技术**基于数据匿名化的隐私保护技术。**

（3）安全多方计算隐私保护技术**基于数据加密的隐私保护技术。**

试题解析 从数据挖掘的角度，隐私保护技术主要可以分为以下 3 类，即：

（1）基于数据失真的技术：一种使敏感数据失真，但同时保持某些关键数据或数据属性不变的方法。例如，采用添加噪声、交换等技术对原始数据进行扰动处理，但要求保证处理后的数据仍然可以保持某些统计方面的性质，以便进行数据挖掘等操作。

（2）基于数据加密的技术：采用加密技术在数据挖掘过程中隐藏敏感数据的方法。

（3）基于数据匿名化的技术：根据具体情况有条件地发布数据，如不发布数据的某些域值、数据泛化等。

【问题 3】

参考答案 password 数组长度大于等于 12 个字符，其中，password[8]～password[11]这部分每个字符均为空字符。

试题解析 strcpy(buffer,password)，如果 password 数组过长，赋值给 buffer 数组后，就能够让 **buffer** 数组越界。而越界的 **buffer[8~11]**将值写入相邻的变量 **authenticated** 中。

如果 password [8~11]正好内容为 4 个空字符，由于空字符的 ASCII 码值为 0，这部分溢出数据恰好把 **authenticated** 改为 0，则系统密码验证程序被跳过，无须输入正确的密码“1234567”。

【问题 4】

参考答案

（1）使用批准工具：编写安全代码。

（2）禁用不安全函数：禁用 C 语言中有隐患的函数。

（3）静态分析：检测程序指针的完整性。

试题解析 本题考查对 S-SDLC 安全开发模型的理解。S-SDLC 在实现阶段给出了 3 种安全措施，分别是：①为主流编程语言提供了安全编码规范；②为主流编程语言筛选出了安全函数库；③提供了代码审计方法。

信息安全工程师　模考密卷 1
基础知识卷

- 《中华人民共和国网络安全法》第五十八条明确规定，因维护国家安全和社会公共秩序，处置重大突发社会安全事件的需要，经__（1）__决定或者批准，可以在特定区域对网络通信采取限制等临时措施。

（1）A．国务院　　B．国家网信部门　　C．省级以上人民政府　　D．网络服务提供商

- 2018 年 10 月，含有我国 SM3 杂凑算法的 ISO/IEC10118-3：2018《信息安全技术 杂凑函数 第 3 部分：专用杂凑函数》由国际标准化组织（ISO）发布，SM3 算法正式成为国际标准。SM3 的杂凑值长度为__（2）__。

（2）A．8 字节　　B．16 字节　　C．32 字节　　D．64 字节

- BS7799 标准是英国标准协会制定的信息安全管理体系标准，它包括两个部分：《信息安全管理实施指南》和《信息安全管理体系规范和应用指南》。依据该标准可以组织建立、实施与保持信息安全管理体系，但不能实现__（3）__。

（3）A．强化员工的信息安全意识，规范组织信息安全行为

B．对组织内关键信息资产的安全态势进行动态监测

C．促使管理层坚持贯彻信息安全保障体系

D．通过体系认证就表明体系符合标准，证明组织有能力保障重要信息

- 为了达到信息安全的目标，各种信息安全技术的使用必须遵守一些基本原则，其中在信息系统中，应该对所有权限进行适当地划分，使每个授权主体只能拥有其中的一部分权限，使它们之间相互制约、相互监督，共同保证信息系统安全的是__（4）__。

（4）A．最小化原则　　B．安全隔离原则　　C．纵深防御原则　　D．分权制衡原则

- 等级保护制度已经被列入国务院《关于加强信息安全保障工作的意见》之中。以下关于我国信息安全等级保护内容的描述不正确的是__（5）__。

（5）A．对国家秘密信息、法人和其他组织及公民的专有信息以及公开信息和存储、传输和处理这些信息的信息系统分等级实行安全保护

B．对信息系统中使用的信息安全产品实行按等级管理

C．对信息系统中发生的信息安全事件按照等级进行响应和处置

D．对信息安全从业人员实行按等级管理，对信息安全违法行为实行按等级惩处

- 研究密码破译的科学称为密码分析学。密码分析学中，根据密码分析者可利用的数据资源，可将攻击密码的类型分为 4 种，其中适于攻击公开密钥密码体制，特别是攻击其数字签名的是__（6）__。

（6）A．仅知密文攻击　　B．已知明文攻击　　C．选择密文攻击　　D．选择明文攻击

- 基于 MD4 和 MD5 设计的 S/Key 口令是一种一次性口令生成方案，它可以对访问者的身份与设备进行综合验证，该方案可以对抗__(7)__。

(7) A. 网络钓鱼　B. 数学分析攻击　C. 重放攻击　D. 穷举攻击

- 对于提高人员安全意识和安全操作技能来说，以下所列的安全管理方法最有效的是__(8)__。

(8) A. 安全检查　B. 安全教育和安全培训
C. 安全责任追究　D. 安全制度约束

- 访问控制是对信息系统资源进行保护的重要措施，适当的访问控制能够阻止未经授权的用户有意或者无意地获取资源。信息系统访问控制的基本要素不包括__(9)__。

(9) A. 主体　B. 客体　C. 授权访问　D. 身份认证

- 下列对国家秘密定级和范围的描述中，不符合《中华人民共和国保守国家秘密法》要求的是__(10)__。

(10) A. 对是否属于国家和属于何种密级不明确的事项，可由各单位自行参考国家要求确定和定级，然后报国家保密工作部门备案
B. 各级国家机关、单位对所产生的秘密事项，应当按照国家秘密及其密级的具体范围的规定确定密级，同时确定保密期限和知悉范围
C. 国家秘密及其密级的具体范围，由国家行政管理部门分别会同外交、公安、国家安全和其他中央有关机关规定
D. 对是否属于国家和属于何种密级不明确的事项，由国家保密行政管理部门，或省、自治区、直辖市的保密行政管理部门确定

- 以下关于入侵检测设备的叙述中，__(11)__是不正确的。

(11) A. 不产生网络流量　B. 部署在靠近攻击源的地方则很有效
C. 使用在尽可能接近受保护资源的地方　D. 必须跨接在链路上

- 代理服务器防火墙主要使用代理技术来阻断内部网络和外部网络之间的通信，达到隐蔽内部网络的目的。以下关于代理服务器防火墙的叙述中，__(12)__是不正确的。

(12) A. 仅“可以信赖的”代理服务才允许通过
B. 由于已经设立代理，因此任何外部服务都可以访问
C. 允许内部主机使用代理服务器访问 Internet
D. 不允许外部主机连接到内部安全网络

- 完整性是信息未经授权不能进行改变的特性，它要求保持信息的原样。下列方法中，不能用来保证应用系统完整性的措施是__(13)__。

(13) A. 安全协议　B. 纠错编码　C. 数字签名　D. 信息加密

- 在信息系统安全管理中，业务流控制、路由选择控制和审计跟踪等技术主要用于提高信息系统的__(14)__。

(14) A. 保密性　B. 可用性　C. 完整性　D. 不可抵赖性

- 以下选项中，不属于生物特征识别方法的是__(15)__。

(15) A. 语音识别　B. 指纹识别　C. 气味识别　D. 身份证号识别

- 计算机取证是将计算机调查和分析技术应用于对潜在的、有法律效力的确定和提取。以下关于

计算机取证的描述中，错误的是__（16）__。

（16）A．计算机取证的通常步骤有：准备工作、保护目标计算机系统（保护现场）、确定电子证据、收集电子证据、保全电子证据

B．计算机取证的工具有 X-Ways Forensics、X-Ways Trace、FBI 等

C．计算机取证时，可先将目标主机设置为蜜罐，等待犯罪嫌疑人破坏证据时，一举抓获

D．电子证据综合了文本、图形、图像、动画、音频及视频等多种类型的信息

- 注入语句：http://xxx.xxx.xxx/abc.asp?p=YY and db_name()>0 不仅可以判断服务器的后台数据库是否为 SQL Server，还可以得到__（17）__。

（17）A．当前连接数据库的用户数量　　B．当前连接数据库的用户名

C．当前正在使用的用户口令　　D．当前正在使用的数据库名

- 数字水印利用人类的听觉、视觉系统的特点，在图像、音频、视频中加入特定的信息，使人很难察觉，而通过特殊方法和步骤又能提取所加入的特定信息。数字图像的内嵌水印有很多鲜明的特点，其中，加入水印后图像不能有视觉质量的下降，与原始图像对比，很难发现二者的差别属于__（18）__。

（18）A．透明性　　B．机密性　　C．鲁棒性　　D．安全性

- 数字水印常用算法中，__（19）__算法将信息嵌入到随机选择的图像点中最不重要的像素位上。

（19）A．Patchwork　　B．LSB　　C．DCT　　D．NEC

- 数字水印空间域算法中，__（20）__算法利用像素的统计特征将信息嵌入像素的亮度值中。该算法先对图像分块，再对每个图像块进行嵌入操作，可以加入更多信息。

（20）A．Patchwork　　B．LSB　　C．DCT　　D．NEC

- 下列网络攻击行为中，属于 DoS 攻击的是__（21）__。

（21）A．特洛伊木马攻击　　B．SYN Flooding 攻击

C．端口欺骗攻击　　D．IP 欺骗攻击

- 下列属于蠕虫病毒的是__（22）__。

（22）A．Worm.Sasser 病毒　　B．Trojan.QQPSW 病毒

C．Backdoor.IRCBot 病毒　　D．Macro.Melissa 病毒

- 杀毒软件报告发现病毒 Macro.Melissa，由该病毒名称可以推断出病毒类型是__（23）__，这类病毒的主要感染目标是__（24）__。

（23）A．文件型　　B．引导型　　C．目录型　　D．宏病毒

（24）A．.exe 或.com 可执行文件　　B．Word 或 Excel 文件

C．DLL 系统文件　　D．磁盘引导区

- 依据《中华人民共和国网络安全法》，某大学购买了上网行为管理设备，安装时设定设备日志应该保存__（25）__。

（25）A．1 个月　　B．3 个月　　C．6 个月　　D．12 个月

- 依据《信息安全等级保护管理办法》要求，某政府信息化办公室按照密级为机密的标准，对单位涉密信息系统实施分级保护，其保护水平总体上不低于国家信息安全等级保护__（26）__的水平。

（26）A．第二级　　B．第三级　　C．第四级　　D．第五级

- 《中华人民共和国刑法》（2015 修正）规定：侵入国家事务、国防建设、尖端科学技术领域的计算机信息系统的，处＿（27）＿有期徒刑或者拘役。

（27）A．一年以上　　B．三年以下　　C．五年以上　　D．三年以上七年以下

- 依据《信息安全等级保护管理办法》，信息系统的安全保护等级分为＿（28）＿级。

（28）A．2　　B．3　　C．4　　D．5

- 《信息安全等级保护管理办法》中，信息系统受到破坏后，会对公民、法人和其他组织的合法权益产生严重损害，或者对社会秩序和公共利益造成损害，但不损害国家安全。该系统的安全保护等级为＿（29）＿级。

（29）A．2　　B．3　　C．5　　D．6

- 依据《信息安全等级保护管理办法》，信息系统运营、使用单位应当依据国家有关管理规范和技术标准进行保护。国家信息安全监管部门对该级信息系统信息安全等级保护工作进行监督、检查。这种措施属于＿（30）＿级。

（30）A．2　　B．3　　C．5　　D．6

- ＿（31）＿是应用系统工程的观点、方法，分析网络系统安全防护、监测和应急恢复。这一原则要求在进行安全规划设计时充分考虑各种安全措施的一致性，不要顾此失彼。

（31）A．木桶原则　　B．整体性原则　　C．等级性原则　　D．动态化原则

- 一个数据包过滤系统被设计成只允许用户许可服务的数据包进入，而过滤掉不必要的服务。这属于＿（32）＿基本原则。

（32）A．最小特权　　B．最大共享　　C．开放系统　　D．封闭系统

- 安全电子邮件使用＿（33）＿协议。

（33）A．PGP　　B．HTTPS　　C．MIME　　D．DES

- 下图为一种数字签名方案，网上传送的报文是＿（34）＿，防止 A 抵赖的证据是＿（35）＿。

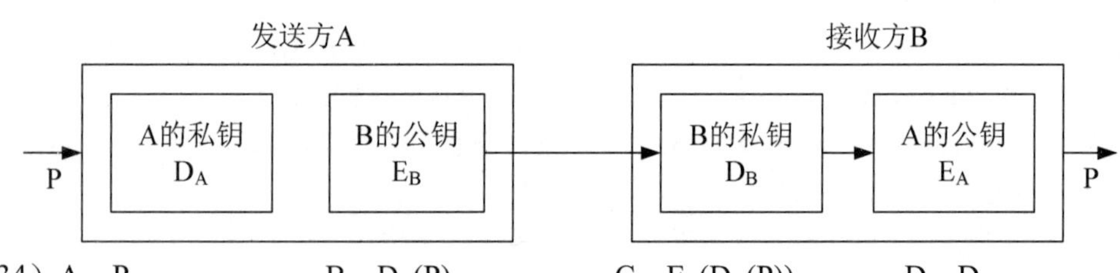

（34）A．P　　B．$D_A(P)$　　C．$E_B(D_A(P))$　　D．D_A

（35）A．P　　B．$D_A(P)$　　C．$E_B(D_A(P))$　　D．D_A

- 在 X.509 标准中，不包含在数字证书中的数据域是＿（36）＿。

（36）A．序列号　　B．签名算法　　C．认证机构的签名　　D．私钥

- 某 Web 网站向 CA 申请了数字证书。用户登录该网站时，通过验证＿（37）＿，可确认该数字证书的有效性，从而＿（38）＿。

（37）A．CA 的签名　　B．网站的签名　　C．会话密钥　　D．DES 密码

（38）A．向网站确认自己的身份　　B．获取访问网站的权限

C．和网站进行双向认证　　D．验证该网站的真伪

- 计算机感染特洛伊木马后的典型现象是＿（39）＿。

（39）A．程序异常退出　　B．有未知程序试图建立网络连接
C．邮箱被垃圾邮件填满　　D．Windows 系统黑屏

- 下列行为不属于网络攻击的是＿（40）＿。

（40）A．连续不停 Ping 某台主机　　B．发送带病毒和木马的电子邮件
C．向多个邮箱群发一封电子邮件　　D．暴力破解服务器密码

- 窃取是对＿（41）＿的攻击，DDoS 攻击破坏了＿（42）＿。

（41）A．可用性　B．保密性　C．完整性　D．真实性
（42）A．可用性　B．保密性　C．完整性　D．真实性

- 下列＿（43）＿地址可以应用于公共互联网中。

（43）A．10.172.12.56　B．172.32.12.23　C．192.168.22.78　D．172.16.33.124

- ICMP 协议属于因特网中的＿（44）＿协议，ICMP 协议数据单元封装在＿（45）＿中。

（44）A．数据链路层　B．网络层　C．传输层　D．会话层
（45）A．以太帧　B．TCP 段　C．UDP 数据报　D．IP 数据报

- ARP 协议的作用是＿（46）＿，它的协议数据单元封装在＿（47）＿中传送。ARP 请求是采用＿（48）＿方式发送的。

（46）A．由 MAC 地址求 IP 地址　　B．由 IP 地址求 MAC 地址
C．由 IP 地址查域名　　D．由域名查 IP 地址
（47）A．IP 分组　B．以太帧　C．TCP 段　D．UDP 报文
（48）A．单播　B．组播　C．广播　D．点播

- 下列信息中＿（49）＿包含在 TCP 头中而不包含在 UDP 头中。

（49）A．目标端口号　B．顺序号　C．发送端口号　D．校验号

- 在进行域名解析过程中，由＿（50）＿获取的解析结果耗时最短。

（50）A．主域名服务器　B．辅域名服务器　C．本地缓存　D．转发域名服务器

- 在 Kerberos 认证系统中，用户首先向＿（51）＿申请初始票据，然后从＿（52）＿获得会话密钥。

（51）A．域名服务器（DNS）　　B．认证服务器（AS）
C．票据授予服务器（TGS）　　D．认证中心（CA）
（52）A．域名服务器（DNS）　　B．认证服务器（AS）
C．票据授予服务器（TGS）　　D．认证中心（CA）

- 如果一个登录处理子系统允许处理一个特定的用户识别码，以绕过通常的口令检查，则这种威胁属于＿（53）＿。

（53）A．假冒　B．授权侵犯　C．旁路控制　D．陷门

- HTTPS 是一种安全的 HTTP 协议，它使用＿（54）＿来保证信息安全，使用＿（55）＿来发送和接收报文。

（54）A．IPSec　B．SSL　C．SET　D．SSH
（55）A．TCP 的 443 端口　　B．UDP 的 443 端口

C．TCP 的 80 端口　　D．UDP 的 80 端口

- 以下用于在网络应用层和传输层之间提供加密方案的协议是__（56）__。

（56）A．PGP　　B．SSL　　C．IPSec　　D．DES

- 主动防御是新型的杀病毒技术，其原理是__（57）__。

（57）A．根据特定的指令串识别病毒程序并阻止其运行

B．根据特定的标志识别病毒程序并阻止其运行

C．根据特定的行为识别病毒程序并阻止其运行

D．根据特定的程序结构识别病毒程序并阻止其运行

- 很多系统在登录时都要求用户输入以图片形式显示的一个字符串，其作用是__（58）__。

（58）A．阻止没有键盘的用户登录　　B．欺骗非法用户

C．防止用户利用程序自动登录　　D．限制登录次数

- IPSec 的加密和认证过程中所使用的密钥由__（59）__机制来生成和分发。

（59）A．ESP　　B．IKE　　C．TGS　　D．AH

- 针对用户的需求，设计师提出了用物理隔离来实现网络安全的方案。经过比较，决定采用隔离网闸实现物理隔离。物理隔离的思想是__（60）__，隔离网闸的主要实现技术不包括__（61）__。

（60）A．内外网隔开，不能交换信息

B．内外网隔开，但分时与另一设备建立连接，间接实现信息交换

C．内外网隔开，但分时对一存储设备写和读，间接实现信息交换

D．内外网隔开，但只有在经过网管人员或网管系统认可时才能连接

（61）A．实时开关技术　B．单向连接技术　　C．网络开关技术　　D．隔离卡技术

- 用于保护通信过程的初级密钥在分配时，通常的形式是__（62）__，利用其加密或解密时，应实施的操作是__（63）__。

（62）A．一次一密的明文　　B．一次一密的密文

C．可多次使用的密文　　D．不限次数的密文

（63）A．利用二级密钥解密出原始密钥　　B．利用主密钥解密出原始密钥

C．利用二级密钥和主密钥解密出原始密钥　D．利用自身私钥解密出原始密钥

- 椭圆曲线密码 ECC 是一种公开密钥加密算法体制，其密码由六元组 T=<p,a,b,G,n,h>表示。用户的私钥 d 的取值为__（64）__，公钥 Q 的取值为__（65）__。

（64）A．0～n-1 间的随机数　　B．0～n-1 间的一个素数

C．0～p-1 间的随机数　　D．0～p-1 间的一个素数

（65）A．Q=dG　　B．Q=ph　　C．Q=abG　　D．Q=hnG

- 利用 ECC 实现数字签名与利用 RSA 实现数字签名的主要区别是__（66）__。

（66）A．ECC 签名后的内容中没有原文，而 RSA 签名后的内容中包含原文

B．ECC 签名后的内容中包含原文，而 RSA 签名后的内容中没有原文

C．ECC 签名需要使用自己的公钥，而 RSA 签名需要使用对方的公钥

D．ECC 验证签名需要使用自己的私钥，而 RSA 验证签名需要使用对方的公钥

- S 盒是 DES 中唯一的非线性部分，DES 的安全强度主要取决于 S 盒的安全强度。DES 中有__（67）

个 S 盒，其中 __（68）__。

（67）A．2　　B．4　　C．6　　D．8

（68）A．每个 S 盒有 6 个输入、4 个输出　　B．每个 S 盒有 4 个输入、6 个输出
　　C．每个 S 盒有 48 个输入、32 个输出　　D．每个 S 盒有 32 个输入、48 个输出

- RC4 是 Ron Rivest 为 RSA 设计的一种序列密码，它在美国一般密钥长度是 128 位，因为受到美国出口法的限制，向外出口时限制到 __（69）__ 位。

（69）A．64　　B．56　　C．32　　D．40

- 打电话请求密码属于 __（70）__ 攻击方式。

（70）A．木马　　B．社会工程　　C．电话窃听攻击　　D．电话系统漏洞

- Certificates are __（71）__ documents attesting to the __（72）__ of a public key to an individual or other entity. They allow verification of the claim that a given public key does in fact belong to a given individual. Certificates help prevent someone from using a phony key to __（73）__ someone else. In their simplest form, certificates contain a public key and a name. As commonly used, a certificate also contains an __（74）__ date, the name of the CA that issued the certificate, a serial number, and perhaps other information. Most importantly, it contains the digital __（75）__ of the certificate issuer. The most widely accepted format for certificates is X.509, thus, certificates can be read or written by any application complying with X.509.

（71）A．text　　B．data　　C．digital　　D．structured

（72）A．connecting　　B．binding　　C．composing　　D．conducting

（73）A．impersonate　　B．personate　　C．damage　　D．control

（74）A．communication　　B．computation　　C．expectation　　D．expiration

（75）A．signature　　B．mark　　C．stamp　　D．hypertext

信息安全工程师　模考密卷 1
应用技术卷

试题一（共 20 分）

阅读下列说明，回答【问题 1】至【问题 3】。

【说明】访问控制是保障信息系统安全的主要策略之一，其主要任务是保证系统资源不被非法使用和非常规访问。访问控制规定了主体对客体访问的限制，并在身份认证的基础上，对用户提出的资源访问请求加以控制，当前，主要的访问控制模型包括自主访问控制（DAC）模型和强制访问控制（MAC）模型。

【问题 1】（10 分）

针对信息系统的访问控制包含哪 3 个基本要素？

【问题 2】（5 分）

BLP 模型是一种强访问控制模型。请问：

（1）BLP 模型保证了信息的机密性还是完整性？

（2）BLP 模型采用的访问控制策略是上读下写还是下读上写？

【问题 3】（5 分）

Linux 系统中可以通过 ls 命令查看文件的权限，例如，文件 net.txt 的权限属性如下所示。

-rwx------1 root root 5025 May 25 2019 /home/abc/net.txt

请问：（1）文件 net.txt 属于系统的哪个用户？

（2）文件 net. txt 权限的数字表示什么？

试题二（共 15 分）

阅读下列说明，回答【问题 1】至【问题 4】。

【说明】RSA 是典型的非对称加密算法，该算法基于大素数分解。核心是模幂运算。利用 RSA 密码可以同时实现数字签名和数据加密。

【问题 1】（3 分）

简述 RSA 的密钥生成过程。

【问题 2】（4 分）

简述 RSA 的加密和解密过程。

【问题 3】（4 分）

简述 RSA 的数字签名过程。

【问题 4】（4 分）

在 RSA 中，已获取用户密文 C=10，该用户的公钥 e=5，n=35，求明文 M。

试题三（共 10 分）

阅读下列程序，回答【问题 1】至【问题 3】。

```
void function(char *str)
{
      char buffer[16];
      strcpy(buffer,str);
}
void main()
{
   int t;
   char buffer[128];
   for(i=0;i<127;i++)
     buffer[i] ='A';
     buffer[127]=0;
   function(buffer);
   print("This is a test\n");
}
```

【问题 1】（3 分）

上述代码能否输出“This is a test”？上述代码存在什么类型的隐患？

【问题 2】（4 分）

造成上述隐患的原因是什么？

【问题 3】（3 分）

给出消除该安全隐患的思路。

试题四（共 15 分）

阅读下列说明和图，回答【问题 1】至【问题 4】。

【说明】某公司通过 PIX 防火墙接入 Internet，网络拓扑如下图所示。在防火墙上利用 show 命令查询当前配置信息如下：

```
PIX#show config
…
nameif eth0 outside security 0
nameif ethl inside security 100
nameif eth2 dmz security 40
…
fixup protocol ftp 21  (1)
fixup protocol http 80_
…
ip address outside 61.144.51.42 255.255.255.248
ip address inside 192.168.0.1 255.255.255.0
ip address dmz 10.10.0.1 255.255.255.0
…
global（outside）1 61.144.51.46
```

```
nat（inside）1 0.0.0.0 0.0.0.0
…
route outside 0.0.0.0 0.0.0.0 61.144.51.45 1    （2）
…
```

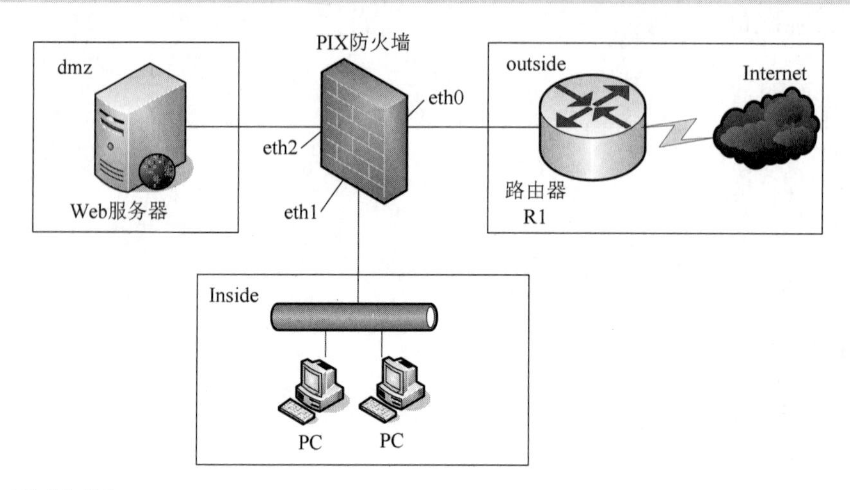

【问题 1】（4 分）

解释上述配置信息中（1）、（2）处画线语句的含义。

【问题 2】（6 分）

根据配置信息填写下表。

习题用表

域名称	接口名称	IP 地址	IP 地址掩码
inside	eth1	___（3）___	255.255.255.0
outside	eth0	61.144.51.42	___（4）___
dmz	___（5）___	___（6）___	255.255.255.0

【问题 3】（2 分）

根据所显示的配置信息，由 inside 域发往 Internet 的 IP 分组在到达路由器 R1 时的源 IP 地址是___（7）___。

【问题 4】（3 分）

如果需要 dmz 域的服务器（IP 地址为 10.10.0.100）对 Internet 用户提供 Web 服务（对外公开 IP 地址为 61.144.51.43），请补充完成下列配置命令。

```
PIX(config)#static(dmz,outside)___（8）___ ___（9）___
PIX(config)#conduit permit tcp host___（10）___eq www any
```

试题五（共 15 分）

阅读下列说明和图，回答【问题 1】至【问题 4】。

【说明】某企业在公司总部和分部之间采用两台 Windows Server 2003 服务器部署企业 IPSec

VPN，将总部和分部的两个子网通过 Internet 互连，如下图所示。

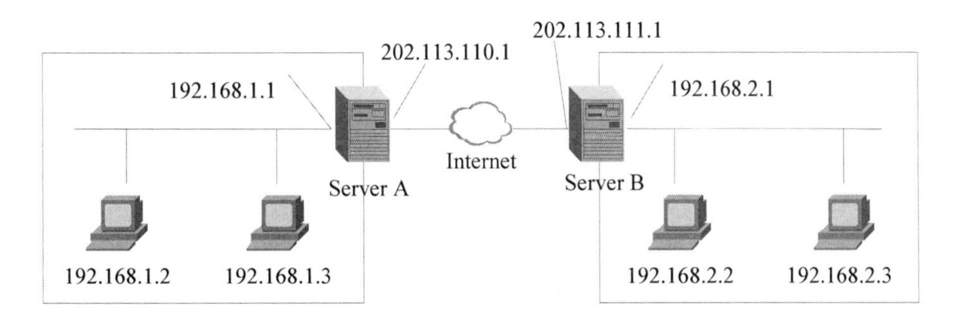

【问题 1】(3 分)

隧道技术是 VPN 的基本技术，隧道是由隧道协议形成的，常见的隧道协议有 IPSec、PPTP 和 L2TP，其中＿（1）＿和＿（2）＿属于第二层隧道协议，＿（3）＿属于第三层隧道协议。

【问题 2】(3 分)

IPSec 安全体系结构包括 AH、ESP 和 ISA KMP/Oakley 等协议。其中，＿（4）＿为 IP 包提供信息源验证和报文完整性验证，但不支持加密服务；＿（5）＿提供加密服务；＿（6）＿提供密钥管理服务。

【问题 3】(6 分)

设置 Server A 和 Server B 之间通信的“筛选器 属性”界面如图 1 所示，在 Server A 的 IPSec 安全策略配置过程中，当源地址和目标地址均设置为“一个特定的 IP 子网”时，源子网 IP 地址应设为＿（7）＿，目标子网 IP 地址应设为＿（8）＿。如图 2 所示的“编辑规则 属性”中的“隧道终点由此 IP 地址指定”应设为＿（9）＿。

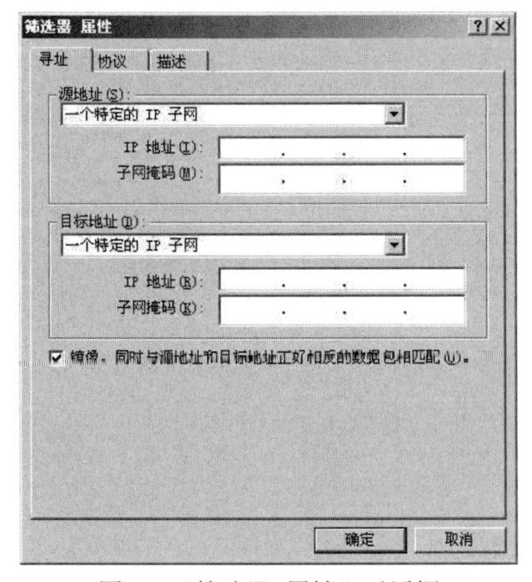

图 1　“筛选器 属性”对话框

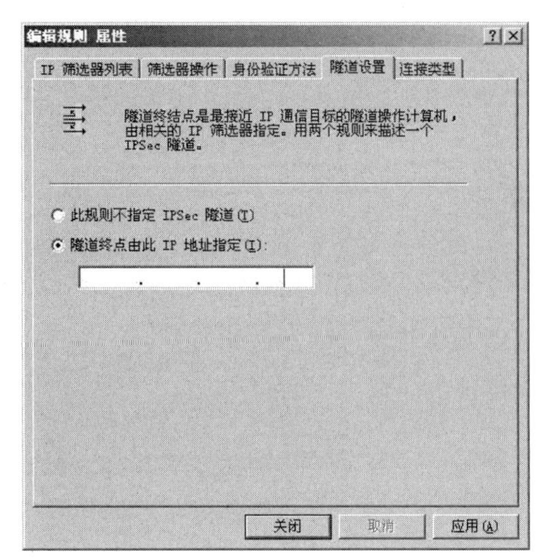

图 2　“编辑规则 属性”对话框

【问题 4】（3 分）

在 Server A 的 IPSec 安全策略配置过程中，Server A 和 Server B 之间通信的 IPSec 筛选器“许可属性”设置为“协商安全”，并且安全措施首选顺序为“加密并保持完整性”，如图 3 所示。根据上述安全策略填写图 4 中的（10）～（12）空格，表示完整的 IPSec 数据包格式。

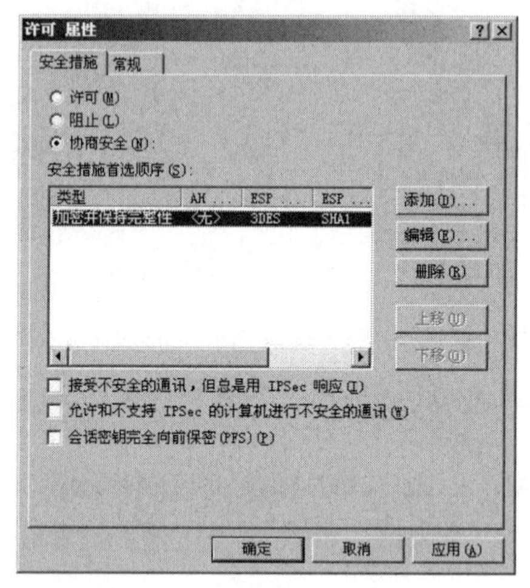

图 3 “许可 属性”对话框

新 IP 头	___(10)___	___(11)___	TCP 头	数据	___(12)___

图 4 数据包格式

（10）～（12）备选答案：

A．AH 头　　B．ESP 头　　C．旧 IP 头　　D．新 TCP 头

E．AH 尾　　F．ESP 尾　　G．旧 IP 尾　　H．新 TCP 尾

信息安全工程师　模考密卷 1
基础知识卷参考答案/试题解析

（1）**参考答案**：A

试题解析　《中华人民共和国网络安全法》第五十八条 因维护国家安全和社会公共秩序，处置重大突发社会安全事件的需要，经国务院决定或者批准，可以在特定区域对网络通信采取限制等临时措施。

（2）**参考答案**：C

试题解析　SM3 杂凑算法经过填充和迭代压缩，生成杂凑值，与 SHA-256 安全性相当。杂凑值长度为 256 比特，即 32 字节。

（3）**参考答案**：B

试题解析　如果通过体系认证，表明体系符合标准，证明组织有能力保障重要信息，能提高组织的知名度与信任度。

组织建立、实施与保持信息安全管理体系将会产生如下作用：

1）强化员工的信息安全意识，规范组织信息安全行为。

2）对组织的关键信息资产进行全面系统的保护，维持竞争优势。

3）在信息系统受到侵袭时，确保业务持续开展并将损失降到最低程度。

4）使组织的生意伙伴和客户对组织充满信心。

5）如果通过体系认证，表明体系符合标准，证明组织有能力保证重要信息，提高组织的知名度与信任度。

6）促使管理层贯彻信息安全保障体系。

组织可以参照信息安全管理模型，按照先进的信息安全管理标准 BS7799 建立组织完整的信息安全管理体系，并实施与保持该管理体系，形成动态的、系统的、全员参与、制度化的、以预防为主的信息安全管理方式，用最低的成本，达到可接受的信息安全水平，从根本上保证业务的连续性。

（4）**参考答案**：D

试题解析　常考的信息安全原则如下：

1）最小化原则。受保护的敏感信息只能在一定范围内被共享，履行工作职责和职能的安全主体，在法律和相关安全策略允许的前提下，为满足工作需要，仅被授予其访问信息的适当权限，称为最小化原则。敏感信息的知情权一定要加以限制，是在“满足工作需要”的前提下的一种限制性开放。可以将最小化原则细分为知所必须和用所必须的原则。

2）分权制衡原则。在信息系统中，对所有权限应该进行适当地划分，使每个授权主体只能拥有其中的一部分权限，使他们之间相互制约、相互监督，共同保证信息系统的安全。如果一个授权主体分配的权限过大，无人监督和制约，就隐含了“滥用权力”“一言九鼎”的安全隐患。

3）安全隔离原则。隔离和控制是实现信息安全的基本方法，而隔离是进行控制的基础。信息安全的一个基本策略就是将信息的主体与客体分离，按照一定的安全策略，在可控和安全的前提下实施主体对客体的访问。

（5）**参考答案**：D

试题解析 国家和地方各级保密工作部门依法对各地区、各部门涉密信息系统分级保护工作实施监督管理。

（6）**参考答案**：C

试题解析 所谓选择密文攻击是指密码分析者能够选择密文并获得相应的明文。这也是对密码分析者十分有利的情况。这种攻击主要攻击公开密钥密码体制，特别是攻击数字签名。

（7）**参考答案**：C

试题解析 一次一密指在流密码当中使用与消息长度等长的随机密钥，密钥本身只使用一次。重放攻击是指攻击者发送一个目的主机已接收过的包，特别是在认证的过程中，用于认证用户身份所接收的包，达到欺骗系统的目的。一次一密这样的密钥形式可以对抗重放攻击。

（8）**参考答案**：B

试题解析 对于提高人员安全意识和安全操作技能来说，以下所列的安全管理方法最有效的是安全教育和安全培训。

（9）**参考答案**：D

试题解析 访问控制涉及 3 个基本概念，即主体、客体和授权访问。

（10）**参考答案**：A

试题解析 对是否属于国家秘密和属于何种密级不明确的事项，产生该事项的机关、单位应及时拟定密级和保密期限，并在十日内依照下列规定申请确定：

（一）属于主管业务方面的事项，应报有权确定该事项密级的上级主管业务部门确定。

（二）属于其他方面的事项，经同级政府保密工作部门审核后，拟定为绝密级的，须报国家保密工作部门确定；拟定为机密级的，由省、自治区、直辖市的或者其上级的保密工作部门确定；拟定为秘密级的，由省、自治区政府所在地的市和国务院批准的较大的市或者其上级的保密工作部门确定。

（11）**参考答案**：D

试题解析 入侵检测设备由于可以使用旁路方式部署，不必是跨接方式部署，因此可以不产生流量。

IDS 部署在尽可能接近受保护资源的地方可以起到更好的保护作用，部署在尽可能靠近攻击源的地方则最有效，但因为攻击源的不确定性，所以很难做到。

（12）**参考答案**：B

试题解析 代理服务器防火墙：防火墙代替用户访问所需信息，再将信息转发给用户。优点是安全，缺点是速度较慢。这种方式下，也不是所有外部服务都能访问，只有“可以信赖的”代理服务才允许通过。

（13）**参考答案**：D

试题解析 完整性是信息未经授权不能进行改变的特性。保证完整性的手段有安全协议、纠错编码、数字签名、公证。信息加密属于保证信息不被泄露给未授权的人。

（14）**参考答案**：B

试题解析 提高可用性常用方法有：身份识别、访问控制、业务流控制、跟踪审计。

（15）**参考答案**：D

试题解析 经验表明身体特征（指纹、掌型、视网膜、虹膜、人体气味、脸型、手的血管和 DNA 等）和行为特征（签名、语音、行走步态等）可以对人进行唯一标识，可以用于身份识别。目前指纹识别技术发展最为深入。

（16）**参考答案**：C

试题解析 计算机取证时首先必须隔离目标计算机系统，不给犯罪嫌疑人破坏证据的机会。实际取证工作需要遵循一个重要的原则：尽量避免在被调查的计算机上进行工作。

（17）**参考答案**：D

试题解析 SQL Server 有 user、db_name()等系统变量，利用这些系统值不仅可以判断 SQL Server，而且还可以得到大量的有用信息。如：

语句 http://xxx.xxx.xxx/abc.asp?p=YY and user>0，不仅可以判断是否是 SQL Server，而且还可以得到当前连接数据库的用户名。

语句 http://xxx.xxx.xxx/abc.asp?p=YY and db_name()>0，不仅可以判断是否是 SQL Server，而且还可以得到当前正在使用的数据库名。

（18）**参考答案**：A

试题解析 数字图像的内嵌水印有很多鲜明的特点，具体如下：

1）透明性：水印后图像不能有视觉质量的下降，与原始图像对比，很难发现二者的差别。

2）鲁棒性：图像中的水印经过变换操作（如加入噪声、滤波、有损压缩、重采样、D/A 或 A/D 转换等）后，不会丢失水印信息，仍然可以清晰地提取。

3）安全性：数字水印应能抵抗各种攻击，必须能够唯一地标识原始图像的相关信息，任何第三方都不能伪造他人的水印图像。

（19）**参考答案**：B

试题解析 LSB 算法将信息嵌入到随机选择的图像点中最不重要的像素位上，这样可保证嵌入的水印是不可见的。

（20）**参考答案**：A

试题解析 Patchwork 算法利用像素的统计特征将信息嵌入像素的亮度值中。该算法先对图像分块，再对每个图像块进行嵌入操作，可以加入更多信息。

（21）**参考答案**：B

试题解析 拒绝服务攻击（Denial of Service，DoS），即攻击者想办法让目标机器停止提供服务或资源访问。TCP SYN Flooding 建立大量处于半连接状态的 TCP 连接就是一种使用 SYN 分组的 DoS 攻击。

（22）**参考答案**：A

试题解析 蠕虫病毒的前缀是 Worm。

（23）（24）**参考答案**：D B

试题解析　Macro.Melissa 是一种宏病毒，主要感染 Office 文件。

（25）参考答案：C

试题解析　《中华人民共和国网络安全法》规定如下：

第二十一条　采取监测、记录网络运行状态、网络安全事件的技术措施，并按照规定留存相关的网络日志不少于六个月。

（26）参考答案：C

试题解析　《信息安全等级保护管理办法》规定如下：

第二十七条　涉密信息系统建设使用单位应当依据涉密信息系统分级保护管理规范和技术标准，按照秘密、机密、绝密三级的不同要求，结合系统实际进行方案设计，实施分级保护，其保护水平总体上不低于国家信息安全等级保护第三级、第四级、第五级的水平。

（27）参考答案：B

试题解析　《中华人民共和国刑法》对计算机犯罪的规定如下：

第二百八十五条　违反国家规定，侵入国家事务、国防建设、尖端科学技术领域的计算机信息系统的，处三年以下有期徒刑或者拘役。

（28）参考答案：D

试题解析　依据《信息安全等级保护管理办法》第七条，信息系统的安全保护等级分为五级。

（29）参考答案：A

试题解析　依据《信息安全等级保护管理办法》：

第七条　信息系统的安全保护等级分为五级，其中：

第二级，信息系统受到破坏后，会对公民、法人和其他组织的合法权益产生严重损害，或者对社会秩序和公共利益造成损害，但不损害国家安全。

（30）参考答案：B

试题解析　依据《信息安全等级保护管理办法》：

第八条　信息系统运营、使用单位依据本办法和相关技术标准对信息系统进行保护，国家有关信息安全监管部门对其信息安全等级保护工作进行监督管理。

第一级，信息系统运营、使用单位应当依据国家有关管理规范和技术标准进行保护。

第二级，信息系统运营、使用单位应当依据国家有关管理规范和技术标准进行保护。国家信息安全监管部门对该级信息系统信息安全等级保护工作进行指导。

第三级，信息系统运营、使用单位应当依据国家有关管理规范和技术标准进行保护。国家信息安全监管部门对该级信息系统信息安全等级保护工作进行监督、检查。

第四级，信息系统运营、使用单位应当依据国家有关管理规范、技术标准和业务专门需求进行保护。国家信息安全监管部门对该级信息系统信息安全等级保护工作进行强制监督、检查。

第五级，信息系统运营、使用单位应当依据国家管理规范、技术标准和业务特殊安全需求进行保护。国家指定专门部门对该级信息系统信息安全等级保护工作进行专门监督、检查。

（31）参考答案：B

试题解析　整体性原则是应用系统工程的观点、方法，分析网络系统安全防护、监测和应急恢复。这一原则要求在进行安全规划设计时充分考虑各种安全配套措施的整体一致性，不要顾此失彼。

（32）**参考答案**：A

试题解析　最小特权管理一方面给予主体“必不可少”的权力，确保主体能在所赋予的特权之下完成任务或操作；另一方面，给予主体“必不可少”的特权，限制了主体的操作，这样可以确保可能的事故、错误、遭遇篡改等原因造成的损失最小。

（33）**参考答案**：A

试题解析　标准的电子邮件协议使用 SMTP、POP3 或 IMAP。这些协议都是不能加密的。而安全的电子邮件协议使用 PGP 加密。

（34）（35）**参考答案**：C　B

试题解析　数字签名的作用是确保 A 发送给 B 的信息就是 A 本人发送的，并且没有改动。

1）A 使用“摘要”算法（SHA-1、MD5 等）对发送信息进行摘要。

2）使用 A 的私钥对消息摘要进行加密运算。加密摘要和原文一并发给 B。

验证签名的基本过程如下：

1）B 接收到加密摘要和原文后，使用和 A 同样的“摘要”算法对原文再次摘要，生成新摘要。

2）使用 A 公钥对加密摘要解密，还原成原摘要。

3）两个摘要对比，一致则说明由 A 发出并且没有经过任何篡改。

由此可见，数字签名功能有信息身份认证、信息完整性检查、信息发送不可否认性，但不提供原文信息加密，不能保证对方能收到消息，也不对接收方身份进行验证。

所以 $E_B(D_A(P))$是网上传送的报文，即 A 私钥加密的原文，被 B 公钥加密后传输到网上。

$D_A(P)$是被 A 私钥加密的信息，不可能被第三方篡改，所以可以看作 A 身份证明。

（36）**参考答案**：D

试题解析　在 X.509 标准中，包含在数字证书中的数据域有证书、版本号、序列号（唯一标识每一个 CA 下发的证书）、算法标识、颁发者、有效期、有效起始日期、有效终止日期、使用者、使用者公钥信息、公钥算法、公钥、颁发者唯一标识、使用者唯一标识、扩展、证书签名算法、证书签名（发证机构即 CA 对用户证书的签名）。

（37）（38）**参考答案**：A　D

试题解析　用户登录该网站时，通过验证 CA 的签名，可确认该数字证书的有效性，从而验证该网站的真伪。

（39）**参考答案**：B

试题解析　任何木马程序成功入侵到主机后都要和攻击者进行通信。计算机感染特洛伊木马后的典型现象就是有未知程序试图建立网络连接。

（40）**参考答案**：C

试题解析　单位因为工作的要求往往需要群发邮件，因此向多个邮箱群发同一封电子邮件，一般不认为是网络攻击。

（41）（42）**参考答案**：B　A

试题解析　窃取是攻击者绕过系统的保密措施得到可用的信息。DDoS 就是用分布式的方法，用多台机器进行拒绝服务攻击，从而使服务器变得不可用。

（43）**参考答案**：B

试题解析 在A类地址中，10.0.0.0～10.255.255.255是私有地址；在B类地址中，172.16.0.0～172.31.255.255是私有地址；在C类地址中，192.168.0.0～192.168.255.255是私有地址。

（44）（45）**参考答案**：B　D

试题解析 Internet控制报文协议（ICMP）是TCP/IP协议族的一个子协议，是网络层协议，用于IP主机和路由器之间传递控制消息。ICMP报文是封装在IP数据报内传输的。

（46）～（48）**参考答案**：B　B　C

试题解析 地址解析协议（ARP）是将32位的IP地址解析成48位的以太网地址；而反向地址解析（RARP）则是将48位的以太网地址解析成32位的IP地址。ARP报文封装在以太网帧中进行发送。

请求主机以广播方式发出ARP请求分组。ARP请求分组主要由主机本身的IP地址、MAC地址以及需要解析的IP地址3个部分组成。

（49）**参考答案**：B

试题解析 TCP报头包括源端口号、目标端口号、顺序号和校验号等字段；而UDP报头不包括顺序号字段。

（50）**参考答案**：C

试题解析 本地缓存改善了网络中DNS服务器的性能，减少反复查询相同域名的时间，提高解析速度，节约出口带宽。这种方式由于没有域名数据库，因此获取解析结果的耗时最短。

（51）（52）**参考答案**：B　C

试题解析 在Kerberos认证系统中，用户首先向认证服务器（AS）申请初始票据，然后从票据授予服务器（TGS）获得会话密钥。

（53）**参考答案**：D

试题解析

1）陷门：是在某个系统或某个文件中设置的“机关”，使得当提供特定的输入数据时，允许违反安全策略。

2）授权侵犯：又称内部威胁，授权用户将其权限用于其他未授权的目的。

3）旁路控制：攻击者通过各种手段发现本应保密却又暴露出来的一些系统“特征”，利用这些“特征”，攻击者绕过防线守卫者渗入系统内部。

（54）（55）**参考答案**：B　A

试题解析 SSL是解决传输层安全问题的一个主要协议，其设计的初衷是基于TCP协议之上提供可靠的端到端安全服务。应用SSL协议最广泛的是HTTPS，它为客户浏览器和Web服务器之间交换信息提供安全通信支持。它使用TCP的443端口发送和接收报文。

（56）**参考答案**：B

试题解析 SSL协议是在网络应用层和传输层之间提供加密方案的协议。

（57）**参考答案**：C

试题解析 主动防御技术是根据特定行为判断程序是否为病毒。

（58）**参考答案**：C

试题解析 很多系统在登录时都要求用户输入以图片形式显示的一个字符串，可防止非法用户利用程序自动生成密码登录，即用暴力方式破解密码。

（59）参考答案：B

试题解析　IPSec 的加密和认证过程中所使用的密钥由 Internet 密钥交换协议（IKE）机制来生成和分发。

（60）（61）参考答案：C　D

试题解析　网闸借鉴了船闸的概念，设计上采用“代理+摆渡”方式。摆渡的思想是内外网进行隔离，分时对网闸中的存储进行读写，间接实现信息交换；内外网之间不能建立网络连接，不能通过网络协议互相访问。网闸的代理功能是数据的“拆卸”，把数据还原成原始的部分，拆除各种通信协议添加的“包头包尾”，在内外网之间传递净数据。

网闸的主要实现技术包括实时开关技术、单向连接技术和网络开关技术。

1）实时开关：原理是使用硬件连接两个网络，两个网络之间通过硬件开关来保证不同时连通。通过开关的快速切换，并剥去 TCP 报头，通过不可路由的数据转存池来实现数据转发。

2）单向连接：数据只能从一个网络单向向另外一个网络摆渡数据，两个网络是完全断开的。单向连接实际上通过硬件实现一条“只读”的单向传输通道来保证安全隔离。

3）网络开关：是将一台机器虚拟成两套设备，通过开关来确保两套设备不连通，同一时刻最多只有一个虚拟机是激活的。

（62）（63）参考答案：A　A

试题解析　初级密钥通常采用一次一密的使用形式，在将密钥的明文传输给对方时，需要使用更高级的密钥进行加密。对方接收到加密的初级密钥后，需要将其解密才能使用。

（64）（65）参考答案：A　A

试题解析　ECC 规定用户的私钥 d 为一个随机数，取值范围为 0～n-1。公钥 Q 通过 dG 进行计算。

利用 ECC 实现数字签名与利用 RSA 实现数字签名的主要区别是：ECC 签名后的内容中包含原文，而 RSA 签名后的内容中没有原文。

（66）参考答案：B

试题解析　见（64）、（65）解析。

（67）（68）参考答案：D　A

试题解析　S 盒变换是一种压缩替换，通过 S 盒将 48 位输入变为 32 位输出。共有 8 个 S 盒，并行作用。每个 S 盒有 6 个输入、4 个输出，是非线性压缩变换。

（69）参考答案：D

试题解析　RC4 是 Ron Rivest 为 RSA 设计的序列密码，RC4 算法简单、速度快、容易用软硬件实现。因此，应用广泛。出于种种原因，美国政府限制出口超过 40 位密钥的 RC4 算法。

（70）参考答案：B

试题解析　为某些非容易的获取信息，利用社会科学（此指其中的社会常识），尤其心理学、语言学、欺诈学并将其进行综合，有效地利用（如人性的弱点），并最终获得信息为最终目的学科称为“社会工程学”。

信息完全定义的社会工程是使用非计算机手段（如欺骗、欺诈、威胁、恐吓甚至实施物理上的盗窃）得到敏感信息的方法集合。

（71）～（75）**参考答案**：C　B　A　D　A

试题翻译　数字认证是一种证明个人或其他机构**拥有**某一公开密钥的**数字**文件。数字认证用于确定某一给定的公钥是否确实属于某个人或某个机构。数字认证有助于防止有人**假冒**别人的密钥。形式最简单的数字认证包含一个公钥和一个用户名。通常，数字认证还包括**有效期**、发证机关名称、序列号，也许还包含其他信息。最重要的是，它包含了发证机关的数字**签名**。最普遍公认的数字认证标准是 X.509 国际标准，任何遵循 X.509 的应用程序都能读写遵循 X.509 标准的数字认证。

信息安全工程师　模考密卷 1
应用技术卷参考答案/试题解析

试题一

【问题 1】

参考答案　信息系统访问控制的 3 个基本要素为：主体、客体、授权访问。

试题解析　访问控制的 3 个基本概念如下。

（1）主体：改变信息流动和系统状态的主动方。主体可以访问客体。主体可以是进程、用户、用户组、应用等。

（2）客体：包含或者接收信息的被动方。客体可以是文件、数据、内存段、字节等。

（3）授权访问：决定谁能访问系统，谁能访问系统的哪种资源以及如何使用这些资源。方式有读、写、执行、搜索等。

【问题 2】

参考答案　（1）机密性　　（2）下读上写

试题解析　BLP 模型的特点：①只允许主体向下读，不能上读（简单安全特性规则）；②主体只能向上写，不能向下写（*特性规则）；③既不允许低信任级别的主体读高敏感度的客体，也不允许高敏感度的客体写入低敏感度区域，禁止信息从高级别流向低级别，这样保证了数据的机密性。

【问题 3】

参考答案　（1）root　　（2）700

试题解析　文件权限属性各参数含义如下所示。

文件属性	文件数	拥有者	所属 group	文件大小	创建日期	文件名
-rwx------	1	root	root	5025	May 25 2019	/home/abc/net.txt

所以，文件/net.txt 的所有者和所属组都为 root。

第 1 列：表示文件的属性。Linux 系统的文件分为 3 个属性：可读（r）、可写（w）、可执行（x）。该列共有 10 个位置可以填。第一个位置是表示类型，可以是目录或连接文件，其中 d 表示目录，l 表示连接文件，“-”表示普通文件，b 代表块设备文件，c 代表字符设备文件。

剩下的 9 个位置以每 3 个为一组。第一列格式如下图所示。默认情况下，系统将创建的普通文件的权限设置为-rw-r-r-。

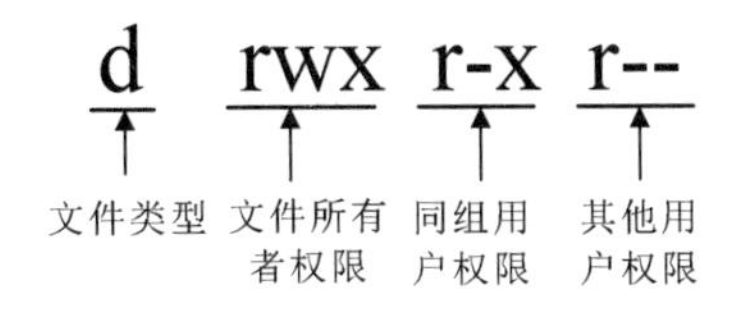

图中后 9 位每 3 位一组共分成了 3 组，每组的表达方式有两种，分别是符号形式表示与数字形式表示。以 rwx 这组参数为例，其两种形式的表示方法及含义如下。

（1）符号形式。

第一位表示是否有读权限。“r”表示有读权限；“-”表示没有读权限。

第二位表示是否有写权限。“w”表示有写权限；“-”表示没有写权限。

第三位表示是否有执行权限。“x”表示有执行权限；“-”表示没有执行权限。

（2）数字形式。

第一位表示是否有读权限。“4”表示有读权限；“0”表示没有读权限。

第二位表示是否有写权限。“2”表示有写权限；“0”表示没有写权限。

第三位表示是否有执行权限。“1”表示有执行权限；“0”表示没有执行权限。

各位相加即为该组权限的数值表达。

本题的第一组的权限符号形式为 rwx，则对应数字形式为 4+2+1=7。

本题的其他组的权限符号形式为---，则对应数字形式为 0+0+0=0。

所以，文件 net. txt 权限的数字表示是 700。

第 2 列：表示文件个数。如果是文件，这个数就是 1；如果是目录，则表示该目录中的文件个数。

第 3 列：表示该文件或目录的拥有者。

第 4 列：表示所属的组（group）。每一个使用者都可以拥有一个以上的组，但是大部分的使用者应该都只属于一个组。

第 5 列：表示文件大小。文件大小用 byte 来表示，而空目录一般都是 1024byte。

第 6 列：表示创建日期。以“月，日，时间”的格式表示。

第 7 列：表示文件名。

试题二

【问题 1】

参考答案/试题解析　选出两个大质数 p 和 q，使得 $p \neq q$，计算 $p \times q = n$，计算 $\varphi(n) = (p-1) \times (q-1)$。

选择 e，使得 $1 < e < (p-1) \times (q-1)$，并且 e 和 $(p-1) \times (q-1)$ 互为质数，计算解密密钥，使得 $ed = 1 \bmod (p-1) \times (q-1)$。

公钥=e，n；私钥=d，n；公开 n 参数，n 又称为模，消除原始质数 p 和 q。

【问题 2】

参考答案/试题解析　设定 C 为密文，M 为明文：

加密：$C = M^e \bmod n$

解密：$M = C^d \bmod n$

【问题 3】

参考答案/试题解析　设 M 为明文，M 的签名过程如下。

签名：$M^d \bmod n$

验证签名：$(M^d)^e \bmod n$

【问题 4】

参考答案 M=5

试题解析 已知 n=35，得到 p 和 q 分别为 5 和 7；

计算 $\varphi(n)=(p-1)\times(q-1)=24$

已知公钥 e=5，又由于私钥 d 满足 $ed=1 \bmod (p-1)\times(q-1)$，因此 d=5

明文 $M=C^d \bmod n=10^5 \bmod 35=5$

试题三

【问题 1】

参考答案 不能。（1 分）

代码存在缓冲区溢出错误。（2 分）

【问题 2】

参考答案 造成上述隐患的原因有两个：①function()函数将长度为 128 字节的字符串复制到只有 16 字节的缓冲区中去（2 分）；②strcpy()函数进行字符串复制时，没有进行缓冲区越界检查。（2 分）

【问题 3】

参考答案 防范缓冲溢出的策略有：

（1）系统管理防范策略：关闭不必要的特权程序、及时打好系统补丁。（1 分）

（2）软件开发的防范策略：正确编写代码、缓冲区不可执行、改写 C 语言函数库、程序指针完整性检查、堆栈向高地址方向增长等。（2 分）

试题解析 C 语言程序在内存中分为 3 个部分：程序段、数据段和堆栈。程序段里存放程序的机器码和只读数据；数据段存放程序中的静态数据；动态数据则通过堆栈来存放。在内存中，它们的位置如下图所示。

内存高位
堆　　栈
数 据 段
程 序 段
内存低位

function()函数将长度为 128 字节的字符串复制到只有 16 字节的缓冲区中去，而调用 strcpy()函数进行字符串复制时，没有进行缓冲区越界检查。所以存在缓冲区溢出的隐患。

从下图中可以看到执行 function()函数前后的堆栈情况。

程序执行 function()函数完毕时，由于缓冲区溢出，子程序的返回地址被覆盖，变成了 0x41414141（AAAA 的 ASCII 码表示，A 的 ASCII 码为 0x41），因此无法执行 print("This is a test\n")语句。此时，返回地址已经不正常，也无法预计会执行什么指令。

压入堆栈中 的参数	内存高位	… A …
返回地址		AAAA
少量缓存		… 在此向上共 256 个 A
缓存 16 字节空间	内存低位	16 个 A

执行 strcpy()前　　　　执行 strcpy()后

试题四

【问题 1】

参考答案

（1）启用 FTP 服务（2 分）

（2）设置 eth0 口的默认路由，指向 61.144.51.45，且跳步数为 1（2 分）

【问题 2】

参考答案

（3）192.168.0.1（1.5 分）

（4）255.255.255.248（1.5 分）

（5）eth2（1.5 分）

（6）10.10.0.1（1.5 分）

【问题 3】

参考答案

（7）61.144.51.46

【问题 4】

参考答案

（8）61.144.51.43（1 分）

（9）10.10.0.100（1 分）

（10）61.144.51.43（1 分）

试题解析　fixup 命令可以启用或者禁止特定的服务、协议。

题干出现的 PIX 配置语句含义解释如下：

```
PIX#show config
…
nameif eth0 outside security 0          //eth0 接口命名为 outside，安全级别设置为 0
nameif ethl inside security 100         //eth1 接口命名为 inside，安全级别设置为 100
nameif eth2 dmz security 40             //eth2 接口命名为 dmz，安全级别设置为 40
```

```
…
fixup protocol ftp 21                              //启动 FTP 协议，允许 21 端口的数据通过
fixup protocol http 80                             //启动 HTTP 协议，允许 80 端口的数据通过
…
ip address outside 61.144.51.42  255.255.255.248   //配置 outside 接口 IP 地址与掩码
ip address inside 192.168.0.1  255.255.255.0       //配置 inside 接口 IP 地址与掩码
ip address dmz 10.10.0.1  255.255.255.0            //配置 dmz 接口 IP 地址与掩码
…
global(outside)1 61.144.51.46
//经 outside 接口去外网的数据，地址转换为 61.144.51.46，全局地址池标志为 1。所以由 inside 域发往 Internet 的 IP 分组，在到达路由器 R1 时的源 IP 地址是 61.144.51.46
nat(inside)1 0.0.0.0  0.0.0.0
//所有地址按地址池 1 定义进行地址转换
…
route outside 0.0.0.0 0.0.0.0 61.144.51.45 1       //设定默认路由，所有数据通过 61.144.51.45 转发
```

使用 static 命令配置静态地址映射，使得内外部地址一一对应。

```
Firewall(config)#static(internal_interface_name,external_interface_name)outside_ip_address inside_ip_address
其中 internal_ interface _name 表示内部网络接口，安全级别较高，如 inside；
external_ interface _name 表示外部网络接口，安全级别较低，如 outside；
outside_ip_address 表示共有 IP 地址；inside_ip_address 表示被转换的 IP 地址。
```

如果需要 dmz 域的服务器（IP 地址为 10.10.0.100）对 Internet 用户提供 Web 服务（对外公开 IP 地址为 61.144.51.43），就需要完成两步工作，即：

（1）将 10.10.0.100 和 61.144.51.43 建立映射关系。

```
PIX(config)#static(dmz,outside)61.144.51.43 10.10.0.100 可以完成这种映射。
```

（2）防火墙上放开外网地址 61.144.51.43 的 80 端口。

```
PIX(config)#conduit permit tcp host 61.144.51.43 eq www any 可以完成端口放开的任务。
```

试题五

【问题 1】

参考答案　（1）PPTP　（2）L2TP　（3）IPSec

试题解析　常见的隧道协议如下表所示。

协议层次	实例
数据链路层	L2TP、PPTP、L2F
网络层	IPSec
传输层与应用层之间	SSL

【问题 2】

参考答案　（4）AH　（5）ESP　（6）ISA KMP/Oakley

试题解析　IPSec 安全体系结构包括 AH、ESP 和 ISA KMP/Oakley 等协议。其中，AH 为 IP 包提供信息源验证和报文完整性验证，但不支持加密服务；ESP 提供加密服务；ISA KMP/Oakley

提供密钥管理服务。

【问题 3】

参考答案　（7）192.168.1.0　（8）192.168.2.0　（9）202.113.111.1

试题解析　"筛选器 属性"界面配置源子网 IP 地址（内网地址）和目的子网 IP 地址（内网地址）。

针对 Server A，源子网 IP 地址（内网地址）为 192.168.1.2/32，所以"筛选器 属性"界面源子网 IP 地址应设为 **192.168.1.0**；目的子网 IP 地址（内网地址）应设为 192.168.1.2/32，所以"筛选器 属性"界面目标子网 IP 地址应设为 **192.168.2.0**。

"编辑规则 属性"界面的隧道地址应该配置隧道对端（公网地址）。

针对 Server A 隧道对端（公网地址）为 202.113.111.1，所以"编辑规则属性"中的"隧道终点由此 IP 地址指定"应设为 **202.113.111.1**。

【问题 4】

参考答案　（10）B　（11）C　（12）F

试题解析　本题要求"加密并保持完整性"，由于 AH 协议不支持加密，因此采用 ESP 封装。前面题目给出了总公司与子公司通信建立了隧道，因此采用隧道模式。具体如下图所示。

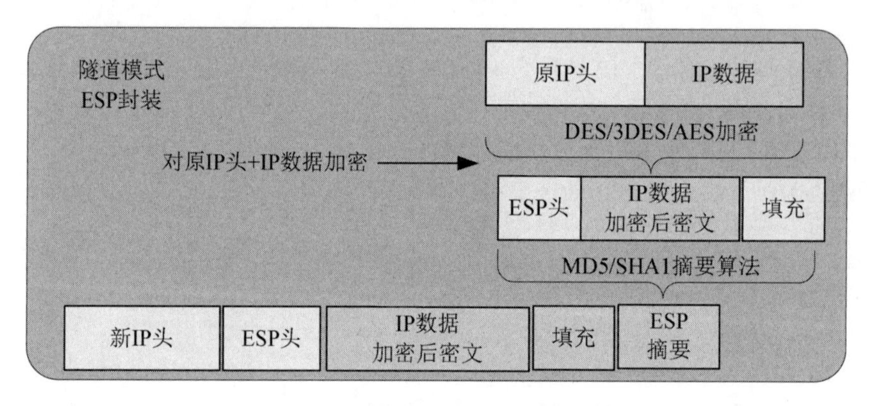

这里 IP 数据加密后，密文可以看作旧 IP 头，ESP 摘要可以看作 ESP 尾。

信息安全工程师　模考密卷 2
基础知识卷

- 电力信息系统等国家关键信息基础设施，要求保持业务持续性运行，尽可能避免中断服务，保证其__（1）__。

（1）A．完整性　　B．机密性　　C．可用性　　D．抗抵赖性

- 网络信息系统的整个生命周期包括：网络信息系统规划、网络信息系统设计、网络信息系统集成与实现、网络信息系统运行和维护、网络信息系统废弃 5 个阶段。网络信息安全管理重在过程，其中制定网络信息安全规章制度属于__（2）__阶段。

（2）A．网络信息系统规划　　B．网络信息系统设计
　　C．网络信息系统集成与实现　　D．网络信息系统运行和维护

- 国密算法和标准体系受到越来越多的关注，基于国密算法的应用也得到了快速发展。以下国密算法中，__（3）__用于替代 AES、4DES 等国际算法。

（3）A．SM2　　B．SM3　　C．SM4　　D．SM9

- __（4）__，第十三届全国人民表代大会常务委员会第二十九次会议通过了《中华人民共和国数据安全法》。

（4）A．2021 年 6 月 10 日　　B．2021 年 7 月 20 日
　　C．2021 年 9 月 1 日　　D．2022 年 1 月 1 日

- 根据《中华人民共和国密码法》，核心密码、普通密码用于保护国家秘密信息，其中普通密码保护信息的最高密级为__（5）__。

（5）A．秘密　　B．机密　　C．绝密　　D．私密

- 网络攻击是指损坏网络系统安全属性的危害行为，其中窃取或公布敏感信息指的是__（6）__。

（6）A．破坏信息　　B．信息泄密　　C．窃取服务　　D．拒绝服务

- 一般攻击者在攻击成功后退出系统之前，会在系统制造一些后门，方便自己下次入侵。以下不属于设计后门的方法的是__（7）__。

（7）A．修改管理员口令　　B．开放 TFTP 等不安全的服务
　　C．安装特洛伊木马　　D．安装嗅探器

- 端口扫描的目的是找出目标系统上提供的服务列表。根据扫描利用的技术不同，端口扫描可以分为完全连接扫描、半连接扫描、SYN 扫描、FIN 扫描、隐蔽扫描、ACK 扫描、NULL 扫描等类型。其中，需要用到第三方 dumb 主机配合的扫描属于__（8）__。

（8）A．ID 头信息扫描　　B．ACK 扫描
　　C．NULL 扫描　　D．XMAS 扫描

- APT 攻击中常用的手段是网络钓鱼，对于网络钓鱼的说法，正确的是__（9）__。

  （9）A．这种攻击利用了人性弱点，成功率高
  B．这种攻击利用缓冲区溢出漏洞使得目标主机瘫痪
  C．这种攻击通过口令字典对目标系统进行口令破解
  D．这种攻击属于网络窃听，获得关键信息

- 拒绝服务攻击是指攻击者利用系统的缺陷，执行一些恶意的操作，使得合法的系统用户不能及时得到应得的服务或系统资源。以下给出的攻击方式中，不属于拒绝服务攻击的是__（10）__。

  （10）A．SYN Flood　B．DNS 放大攻击　C．SQL 注入　D．泪滴攻击

- IDEA（International Data Encryption Algorithm）是国际数据加密算法的简称，是一个分组加密处理算法，其明文和密文分组都是 64 比特，密钥长度为__（11）__比特。

  （11）A．64　B．128　C．192　D．256

- RSA 算法基于大整数因子分解的困难性，在 RSA 中，首先生成两个大素数 p 和 q，计算 n=p×q，破译 RSA 密码体制基本上等价于分解 n，基于安全考虑，要求 n 的长度至少应为__（12）__比特。

  （12）A．256　B．512　C．1024　D．2048

- 假设 Alice 需要签名发送一份电子合同文件给 Bob，签名过程中，Alice 需要使用__（13）__把信息摘要加密处理，形成数字签名。Bob 收到 Alice 发送的电子合同文件及数字签名后，为确信电子合同文件是 Alice 所认可的，需要使用__（14）__解密 Alice 的加密摘要，恢复 Alice 原来的摘要。

  （13）A．Alice 的私钥　B．Alice 的公钥　C．Bob 的私钥　D．Bob 的公钥
  （14）A．Alice 的私钥　B．Alice 的公钥　C．Bob 的私钥　D．Bob 的公钥

- SSH 是基于公钥的安全应用协议，可以实现加密、认证、完整性检验等多种网络安全服务。Linux 系统一般提供 SSH 服务，SSH 服务进程端口通常为__（15）__。

  （15）A．21　B．22　C．23　D．443

- BLP 机密性模型是为了保护计算机系统中的机密信息而提出的一种限制策略，根据下面的用户和文件访问类，选项中说法正确的是__（16）__。

  文件 F 访问类：{机密：人事处，财务处}
  用户 A 访问类：{绝密：人事处}
  用户 B 访问类：{绝密：人事处，财务处，科技处}

  （16）A．用户 A 可以阅读文件 F　B．用户 B 可以阅读文件 F
  C．用户 A 和 B 均可以阅读文件 F　D．用户 A 和 B 均不可以阅读文件 F

- PDRR 信息模型改进了传统的只有保护的单一安全防御思想，强调信息安全保障的 4 个重要环节：保护（Protection）、检测（Detection）、恢复（Recovery）、响应（Response）。其中，数据备份属于__（17）__的内容。

  （17）A．保护　B．检测　C．恢复　D．响应

- BLP 机密性模型用于防止非授权信息的扩散，从而保证系统的安全。其中主体只能向下读，不能向上读的特性被称为__（18）__。

  （18）A．*特性　B．调用特性　C．简单安全特性　D．单向性

- 依据《信息安全技术 网络安全等级保护测评要求》的规定，定级对象的安全保护分为 5 个等级，其中最高等级是__（19）__。

（19）A. 用户自主保护级　　B. 安全标记保护级
C. 访问验证保护级　　D. 结构化保护级

- 美国国家标准与技术研究院 NIST 发布了《提升关键基础设施网络安全的框架》，该框架定义了 5 种核心功能：识别（Identify）、保护（Protection）、检测（Detection）、响应（Response）、恢复（Recovery），每个功能对应具体的子类。其中，风险评估子类属于__（20）__功能。

（20）A. 识别　　B. 保护　　C. 检测　　D. 响应

- 物理安全是网络信息系统安全运行、可信控制的基础。物理安全威胁一般分为自然安全威胁和人为安全威胁。以下属于自然安全威胁的是__（21）__。

（21）A. 盗窃　　B. 爆炸　　C. 鼠害　　D. 硬件攻击

- 一般来说，机房的组成是根据计算机系统的性质、任务、业务量大小、所选用计算机设备的类型以及计算机对供电、空调、空间等方面的要求和管理体制而确定的。按照《计算机场地通用规范》（GB/T 2887—2011）的规定，监控室属于__（22）__。

（22）A. 主要工作房间　　B. 第一类辅助房间
C. 第二类辅助房间　　D. 第三类辅助房间

- 根据认证依据所利用的时间长度，认证可以分为一次性口令和持续认证，持续认证是指连续提供身份确认，持续认证鉴定因素不包括__（23）__。

（23）A. 使用偏好　　B. 地址位置信息
C. 使用的设备型号　　D. 短消息验证码

- Kerberos 是一个网络认证协议，其目标是使用密钥加密为客户端/服务器应用程序提供强身份认证。以下关于 Kerberos 的说法中，错误的是__（24）__。

（24）A. 认证服务器（AS）向用户提供 TGS 会话密钥
B. 票据发放服务器（TGS）为申请服务的用户授予票据
C. 票据中包含有客户与应用服务器的会话密钥
D. 通常将认证服务器（AS）、票据发放服务器（TGS）和应用服务器统称为 KDC

- 基于 PKI 的主要安全服务有身份认证、完整性保护、数字签名、会话加密管理、密钥恢复等。以下关于 PKI 的说法中，错误的是__（25）__。

（25）A. PKI 提供了一种系统化、可扩展的、统一的、容易控制的私钥分发方法
B. RA 是证书登记权威机构
C. CA 负责颁发证书
D. 客户端可以是某用户，也可以是某服务进程

- 访问控制机制由一组安全机制构成，可以抽象为一个简单模型，以下不属于访问控制模型要素的是__（26）__。

（26）A. 参考监视器　　B. 审计库　　C. 访问控制数据库　　D. 认证服务器

- 访问控制规则是访问约束条件集，是访问控制策略的具体实现和表现形式。目前常见的访问控制规则有：基于角色的访问控制规则、基于时间的访问控制规则、基于异常事件的访问控制规

则、基于地址的访问控制规则等。依据域名来限制访问操作的规则属于___(27)___。

(27) A. 基于角色的访问控制规则　　B. 基于时间的访问控制规则
C. 基于异常事件的访问控制规则　　D. 基于地址的访问控制规则

● 访问控制是一个网络安全控制的过程，其中最小特权管理是访问控制的基本原则之一，下列有关最小特权管理的相关说法中错误的是___(28)___。

(28) A. 特权是用户超越系统访问控制所拥有的权限
B. 特权的分配原则是“按需使用”
C. 最小特权管理的目的是系统不应赋予特权拥有者完成任务的额外权限，阻止特权乱用
D. 最小特权原则中，每一个主体只能通过超级管理员拥有完成任务以外的权限

● 口令是当前大多数网络实施访问控制进行身份鉴别的重要依据，因此，口令管理尤为重要，一般遵守的原则中不包括___(29)___。

(29) A. 禁止在网上传输口令　　B. 限制账号登录次数
C. 避免使用默认口令　　D. 禁止使用与账号相同的口令

● 防火墙是由一些软件、硬件组成的网络访问控制器，它根据一定的安全规则来控制流过防火墙的网络数据包，从而起到网络安全屏障的作用，防火墙不能实现的功能是___(30)___。

(30) A. 限制网络访问　B. 网络访问审计　C. 防止病毒传输　D. 网络带宽控制

● Cisco IOS 的包过滤防火墙有两种访问规则形式：标准 IP 访问表和扩展 IP 访问表。其中扩展 IP 访问控制规则的格式如下：

```
access-list list-number{deny/permit}protocol
source source-wildcard source-qualifiers
destination destination-wildcard destination-qualifiers[log/log-input]
```

针对上述扩展 IP 访问控制规则，以下叙述中，错误的是___(31)___。

(31) A. list-number 规定为 100～199
B. protocol 表示协议选项，可以是 IP、ICMP、TCP、UDP 等
C. destination 表示目的 IP 地址
D. source-wildcard 表示发送数据包的主机 IP 地址的通配符掩码，其中 1 表示“需要匹配”，0 表示“忽略”

● ___(32)___是最基本的防火墙结构，实质上是至少具有两个网络接口卡的主机系统，一般将一个内部网络和外部网络分别连接在不同的网卡上，内外网络不能直接通信。

(32) A. 基于单宿主机的防火墙结构　　B. 基于代理型的防火墙结构
C. 基于双宿主机的防火墙结构　　D. 基于屏蔽子网的防火墙结构

● 下列有关 VPN 的说法中正确的是___(33)___。

(33) A. VPN 指的是用户自己租用线路，和公共网络物理上完全隔离的、安全的线路
B. VPN 指的是用户通过公用网络建立的临时的、逻辑隔离的、安全的连接
C. VPN 是一种安全技术，不存在技术风险
D. VPN 不仅能够提供认证服务、完整性服务和保密性服务，还提供合规性服务

● 按照 VPN 在 TCP/IP 协议层的实现方式，可以将其分为链路层 VPN、网络层 VPN、传输层 VPN。

以下 VPN 实现方式中，属于链路层 VPN 的是＿（34）＿。

（34）A．受控路由过滤　　B．隧道技术
C．SSL　　D．多协议标签交换（MPLS）

- 在 IPSec 虚拟专用网当中，提供 IP 包的保密性服务的协议是＿（35）＿。

（35）A．SKIP　　B．IP AH　　C．IP ESP　　D．ISAKMP

- SSL 协议提供保密性通信、点对点之间的身份认证和可靠性通信 3 种安全通信服务，其中可靠性通信使用 MAC（有密钥保护的消息认证），MAC 采用的算法有＿（36）＿。

（36）A．DES、AES 等　　B．RSA、DSS 等
C．MD5、SHA 等　　D．ZUC 算法、RC4 等

- SSL VPN 的功能不包括＿（37）＿。

（37）A．数据包过滤　　B．访问控制　　C．安全报文传输　　D．身份鉴别

- 入侵检测模型 CIDF 认为入侵检测系统由事件产生器、事件分析器、响应单元和事件数据库 4 个部分构成，其中做出类似简单报警等应急操作的是＿（38）＿。

（38）A．事件产生器　　B．事件分析器　　C．响应单元　　D．事件数据库

- 下列关于基于误用的入侵检测系统的描述，错误的是＿（39）＿。

（39）A．根据已知的入侵模式检测入侵行为
B．检测能力取决于攻击模式库的大小
C．攻击模式库过大会影响 IDS 的性能
D．攻击模式库太大则 IDS 的有效性就大打折扣

- 根据入侵检测系统的检测数据来源和它的安全作用范围，可以将其分为基于主机的入侵检测系统 HIDS、基于网络的入侵检测系统 NIDS 和分布式入侵检测系统 DIDS 三种。以下软件属于 NIDS 的是＿（40）＿。

（40）A．Snort　　B．SWATCH　　C．Tripwire　　D．网页防篡改系统

- Snort 是开源的网络入侵检测系统，通过获取网络数据包，进行入侵检测形成报警信息。Snort 规则由规则头和规则选项两部分组成。以下内容不属于规则头的是＿（41）＿。

（41）A．报警信息　　B．规则操作　　C．协议　　D．源地址

- 网络物理隔离机制中，将单台物理 PC 虚拟成逻辑上的两台 PC，使得单台计算机在某一时刻只能连接到内部网或外部网，该技术被称为＿（42）＿。

（42）A．多 PC　　B．单硬盘内外分区　　C．双硬盘　　D．网闸

- 在电子政务系统中，涉及了不同安全等级的网络信息交换，主要包括政务内网、政务外网和互联网，根据国家管理政策文件的要求，下列说法正确的是＿（43）＿。

（43）A．政务外网和政务内网之间需要逻辑隔离，政务外网和互联网之间不作要求
B．政务外网和政务内网之间不做要求，政务外网和互联网之间需要逻辑隔离
C．政务外网和政务内网之间需要逻辑隔离，政务外网和互联网之间需要物理隔离
D．政务外网和政务内网之间需要物理隔离，政务外网和互联网之间需要逻辑隔离

- 网络安全审计是指对网络信息系统的安全相关活动信息进行获取、记录、存储、分析和利用的工作。在《计算机信息系统 安全保护等级划分准则》（GB 17859—1999）中，要求计算机信息

系统可信计算基能够审计利用隐蔽存储信道时可能被使用的事件属于__（44）__。

（44）A．用户自主保护级　B．系统审计保护级
C．安全标记保护级　D．结构化保护级

● 网络审计数据涉及系统整体的安全性和用户隐私，以下安全技术措施不属于保护审计数据安全的是__（45）__。

（45）A．系统用户分权管理　B．审计数据隐私保护
C．审计数据完整性保护　D．审计数据压缩与备份

● 网络流量数据挖掘分析是对采集到的网络流量数据进行挖掘，提取网络流量信息，形成网络审计记录。网络流量数据挖掘分析主要包括：邮件收发协议审计、网页浏览审计、文件共享审计、文件传输审计、远程访问审计等。其中邮件收发协议审计不针对__（46）__协议。

（46）A．HTTP　B．SMTP　C．POP3　D．IMAP

● 以下网络入侵检测不能检测发现的安全威胁是__（47）__。

（47）A．非法访问　B．网络蠕虫　C．黑客入侵　D．系统漏洞

● 网络信息系统漏洞的存在是网络攻击成功的必要条件之一。以下有关安全事件与漏洞对应关系的叙述中，错误的是__（48）__。

（48）A．“红色代码”蠕虫，利用 Sendmail 及 finger 漏洞
B．冲击波蠕虫，利用 DCOM RPC 缓冲区溢出漏洞
C．Wannacry 勒索病毒，利用 Windows 系统的 SMB 漏洞
D．Slammer 蠕虫，利用微软 MS SQL 数据库系统漏洞

● 网络安全漏洞是网络安全管理工作的重要内容，网络信息系统的漏洞主要来自两个方面：非技术性安全漏洞和技术性安全漏洞。以下不属于非技术性安全漏洞主要来源的是__（49）__。

（49）A．意外情况处置错误　B．网络安全策略配置不完备
C．网络安全特权控制不完备　D．网络安全监督缺失

● 缓冲区溢出攻击是利用缓冲区溢出漏洞所进行的攻击行动，__（50）__是指通过对程序加载到内存的地址进行随机化处理，使得攻击者不能事先确定程序的返回地址值，从而降低攻击成功的概率。

（50）A．数据执行阻止　B．堆栈保护　C．地址空间随机化　D．SEHOP

● 恶意代码的行为不尽相同，破坏程度也各不相同，但它们的作用机制基本相同。其作用过程的步骤顺序正确的是__（51）__。

（51）A．隐蔽→侵入系统→维持或提升已有的权限→潜伏→破坏→重复前面 5 步
B．侵入系统→维持或提升已有的权限→隐蔽→潜伏→破坏→重复前面 5 步
C．隐蔽→潜伏→侵入系统→维持或提升已有的权限→破坏→重复前面 5 步
D．侵入系统→隐蔽→潜伏→维持或提升已有的权限→破坏→重复前面 5 步

● 恶意代码的分析方法由静态分析方法和动态分析方法两部分构成。下列方法属于动态分析方法的是__（52）__。

（52）A．脚本分析　B．字符串分析
C．反恶意代码软件检查　D．文件监测

- 计算机病毒具有隐蔽性特点，附加在正常软件或者文档中。库尔尼科娃病毒常利用__（53）__作为隐蔽载体。

（53）A．Word 文档　　B．照片　　C．电子邮件　　D．网页

- 文件型病毒不能感染的文件类型是__（54）__。

（54）A．HTML 型　　B．COM 型　　C．SYS 型　　D．EXE 类型

- __（55）__指具有自我复制功能的独立程序，虽然不会直接攻击任何软件，但是它通过复制本身来消耗系统资源。

（55）A．逻辑炸弹　　B．陷门　　C．细菌　　D．间谍软件

- 隐私保护技术的目标是通过对隐私数据进行安全修改处理，使得修改后的数据可以公开发布而不会遭受隐私攻击。隐私保护的常见技术有抑制、泛化、置换、扰动、裁剪等。其中通过降低数据精度实现数据匿名的技术属于__（56）__。

（56）A．抑制　　B．泛化　　C．置换　　D．扰动

- 下列属于网络攻击诱骗技术的是__（57）__。

（57）A．蜜罐技术和入侵防御技术　　B．可信计算技术和陷阱网络技术
C．流量清洗技术和数字水印技术　　D．蜜罐技术和陷阱网络技术

- 网络安全风险评估的评估要素包括资产、安全威胁、安全脆弱性和安全影响等。某公司的电子商务网站因为存在 RPC DCOM 的漏洞，遭到了黑客入侵业务中断 1 天。那么 RPC DCOM 漏洞属于评估要素当中的__（58）__。假设网站价值 4 万元，受到网络攻击的概率是 0.85，经济损失影响是 2 万元，则该公司的网站风险量化值为__（59）__万元。

（58）A．资产　　B．安全威胁　　C．安全脆弱性　　D．安全影响
（59）A．0.85　　B．1.7　　C．2　　D．3.4

- __（60）__成立于 2002 年 9 月，为非政府非营利的网络安全技术协调组织，是中央网络安全和信息化委员会办公室领导下的国家级网络安全应急机构，开展中国互联网上网络安全事件的预防、发现、预警和协调处置等工作。

（60）A．CNVD　　B．CNCERT　　C．ANVA　　D．CCTGA

- 网络信息系统安全等级测评主要包括技术安全测评和管理安全测评。下列不属于管理安全测评的是__（61）__。

（61）A．安全区域边界　　B．安全管理制度
C．安全管理人员　　D．安全运维管理

- 密码分析者针对加解密算法的数学基础和某些密码学特性，根据数学方法破译密码的攻击方式称为__（62）__。

（62）A．数学分析攻击　B．差分分析攻击　C．基于物理的攻击　D．穷举攻击

- 下列路由器自身提供的网络服务中，安全性最高的是__（63）__。

（63）A．Telnet　　B．SSH　　C．Finger　　D．HTTP

- 在 Windows 系统中需要配置的安全策略主要有账户策略、审计策略、远程访问和文件共享等。以下选项中，不属于配置账户策略的是__（64）__。

（64）A．密码复杂度要求　　B．账户锁定阈值

C．账户锁定时间　　　　　　　　　D．账户用户名复杂度要求

- 数据库加密是指对数据库存储或传输的数据进行加密处理，以密文形式存储或传输，数据库网上传输的数据，通常利用＿（65）＿协议来实现加密传输。

（65）A．SSH　　B．SSL　　C．PGP　　D．FTP

- 为了防止网络设备滥用，网络设备对用户身份进行认证，交换机和路由器等网络设备支持 AAA 认证。AAA 认证指的是＿（66）＿。

（66）A．认证、授权、记账　　B．认证、账号、授权
C．认证、授权、审计　　D．授权、记账、审计

- 数据库系统是一个复杂性高的基础性软件，其安全机制主要有标识与鉴别、访问控制、安全审计、数据加密、安全加固及安全管理等，其中＿（67）＿可以实现数据资源访问权限设置。

（67）A．访问控制　　B．安全审计　　C．安全加固　　D．安全管理

- 云计算平台的技术安全需求分为"端-管-云"3 个部分，其中属于"管"的安全需求是＿（68）＿。

（68）A．数据的安全存储　　B．用户的身份识别与鉴别
C．VPN　　D．数据库安全

- Android 操作系统共分 Linux 内核层、系统运行库层、应用程序框架层和应用程序层，Android 系统提供的安全机制有安全沙箱、应用程序签名机制、权限声明机制、地址空间布局随机化等。安全机制与系统层次对应关系正确的是＿（69）＿。

（69）A．安全沙箱属于系统运行库层安全机制
B．应用程序签名机制属于 Linux 内核层安全机制
C．权限声明机制属于应用程序框架层安全机制
D．地址空间布局随机化属于应用程序层安全机制

- 工业控制系统信息安全要求与传统 IT 安全信息安全侧重点不一样，侧重于＿（70）＿需求顺序。

（70）A．机密性—完整性—可用性　　B．完整性—机密性—可用性
C．完整性—可用性—机密性　　D．可用性—完整性—机密性

- Released in 1991, PGP is a complete ＿（71）＿ security package that provides privacy, ＿（72）＿, digital signatures, and compression, all in an easy-to-use form. Furthermore, the complete package, including all the source code, is distributed free of charge via the Internet. Due to its quality, price (zero), and easy availability on UNIX, Linux, Windows, and Mac OS platforms, it is widely used today.

PGP encrypts data by using a block cipher called ＿（73）＿, which uses 128-bit keys. It was devised in Switzerland at a time when DES was seen as tainted and AES had not yet been invented. Conceptually, IDEA is similar to DES and AES: it mixes up the bits in a series of rounds, but the details of the mixing functions are different from DES and AES. Key management uses ＿（74）＿ and data integrity uses ＿（75）＿.

PGP intentionally uses existing cryptographic algorithms rather than inventing new ones. It is largely based on algorithms that have withstood extensive peer review and were not designed or influenced by any government agency trying to weaken them. For people who distrust government, this property is a big plus.

（71）A．web　　B．email　　C．application　　D．communication

（72）A．information　　B．authentication　　C．applicability　　D．accuracy

（73）A．DES　　B．AES　　C．IDEA　　D．RSA

（74）A．DES　　B．AES　　C．IDEA　　D．RSA

（75）A．MD5　　B．AES　　C．RSA　　D．SHA-1

信息安全工程师　模考密卷 2
应用技术卷

试题一（共 20 分）

阅读下列说明和图，回答【问题 1】至【问题 5】。

【说明】已知某单位网络环境结构主要由 3 个部分组成，分别是政务外网 DMZ 区、政务外网办公区和政务内网，其拓扑结构如图 1-1 所示，网站服务器的 IP 地址是 10.168.70.140，数据库服务器的 IP 地址是10.168.70.141，政务外网办公区计算机所在网段为10.168.68.0/23，王工所使用的办公电脑 IP 地址为 10.168.68.2。

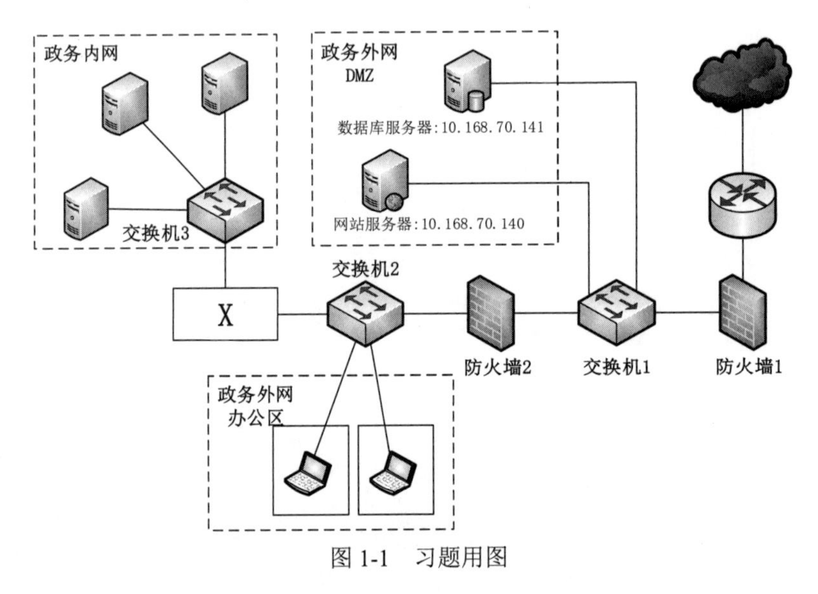

图 1-1　习题用图

【问题 1】（4 分）

（1）国家管理政策文件明确指出，电子政务网络由电子政务外网和电子政务内网构成，政务外网和政务内网之间的隔离要求以及政务外网和互联网之间的隔离要求分别是什么？

（2）图 1-1 中，政务外网和政务内网之间的设备 X 最有可能部署的是什么？

【问题 2】（2 分）

图 1-1 中网站服务器 10.168.70.140 是某政府网站服务器，针对政府网站，国家颁布了多个通知和标准，要求政府网站的信息安全等级原则上不应低于几级？三级网站应多少年测评一次？

【问题 3】（2 分）

防火墙是网络安全区域边界保护的重要技术，防火墙防御体系结构主要有基于双宿主主机防火墙、基于代理型防火墙和基于屏蔽子网的防火墙。图 1-1 拓扑图中的防火墙布局属于哪种体系结构类型？

【问题 4】（6 分）

拓扑图中的防火墙 1 支持包过滤，过滤规则应满足需求：只允许互联网访问政府网站，允许政务外网办公区访问互联网。过滤规则见表 1-1。

表 1-1　过滤规则

规则编号	通信方向	协议类型	源 IP	目标 IP	源端口	目标端口	操作
A	In	TCP	any	10.168.70.140/32	≥1024	①	允许
B	In	any	any	②	any	any	允许
C	Out	TCP	10.168.70.140/32	any	80	≥1024	允许
D	Out	any	10.168.68.0/23	any	any	any	③
E	Either	any	any	any	any	any	④

（1）请完善表中的①②③④空。

（2）根据过滤规则表，可以判断该防火墙采取的是白名单还是黑名单安全策略？

【问题 5】（6 分）

王工还需要通过防火墙 2 对网站服务器和数据库服务器进行日常运维，图 1-1 中防火墙 2 采用 Ubuntu 系统自带的 iptables 防火墙，其过滤规则如图 1-2 所示。

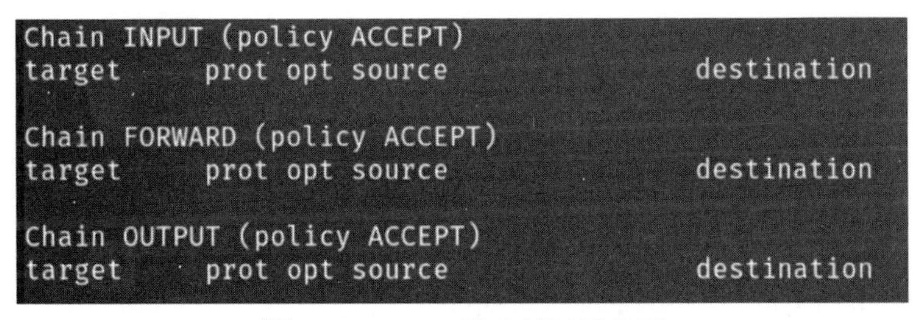

图 1-2　iptables 防火墙过滤规则

（1）请写出王工电脑的子网掩码。

（2）在系统中执行什么命令可以查看到上述防火墙信息。

（3）图 1-2 显示的是 iptables 哪个表的信息，请写出表名。

（4）如果要设置 iptables 防火墙默认不允许任何数据包进入，请写出相应命令。

（5）王工对服务器进行日常维护一般使用什么协议？

（6）请写出防火墙 2 中，使得王工能远程运维 DMZ 区中的服务器的 iptables 过滤规则。

试题二（共 20 分）

阅读下列说明和图，回答【问题 1】至【问题 5】。

【说明】国产操作系统在自主可控和安全可控方面，对开源操作系统 Linux 进行安全增强，从多个方面对 Linux 操作系统提供安全保障。在 Linux 系统下执行 ls /usr/bin -l 命令后显示的部分结果如图 2-1 所示。

```
[ruankao@local ~]# ls /usr/bin -l
drwxr-xr-x. 2 root root      40  7月20日 16:11  test
-rwsr-xr-x  1 root root  780676  7月20日 10:04  nmap
lrwxrwxrwx. 1 root root       2  7月20日 10:04  unxz -> xz
-rw-r--r--. 1 root root     319  7月20日 10:04  update-gio-modules
-rwxr-xr-x. 1 root root  180968  7月20日 10:04  info
-rwxr-xr-x. 1 root root  203768  7月20日 16:11  abc
```

图 2-1　命令界面

【问题 1】（3 分）

方德方舟、中标麒麟等国产操作系统提供基于三权分立的管理机制，将普通操作系统中的超级管理员的权限分配给了哪三类管理员？并形成了相互制约关系，防止管理员的恶意或偶然操作引起的系统安全问题。

【问题 2】（2 分）

（1）请给出图 2-1 中的目录文件名。

（2）请给出图 2-1 中的符号链接文件名。

【问题 3】（6 分）

Linux 系统的权限模型由文件的所有者、文件的组、所有其他用户以及读（r）、写（w）、执行（x）组成。

（1）请写出第 1 个文件的数字权限表示。

（2）请写出第 4 个文件的数字权限表示。

（3）请写出普通用户执行第 1 个文件后的有效权限。

【问题 4】（6 分）

SUID 可以使普通用户以 root 权限执行某个程序，因此应严格控制系统中的此类程序。所以需要禁止不必要的 SUID 程序。

（1）请写出图 2-1 中设置了 SUID 位的文件名。

（2）请写出查找系统中所有带有 SUID 位的文件的命令。

（3）请写出禁止图 2-1 中的 SUID 程序的命令（去除 SUID 权限）。

【问题 5】（3 分）

对于系统中的某些关键性文件，如 inetd.conf、services 和 lilo.conf 等可修改其属性，防止意外修改和被普通用户查看。

（1）请修改 inetd.conf 文件属性为只有 root 用户可写可读。（1 分）

（2）请写出设置保证 inetd.conf 文件的属主为 root，不能改变的命令。（2 分）

试题三（共 20 分）

阅读下列说明和图，回答【问题 1】至【问题 7】。

【说明】某公司安全管理员小王针对公司中的两个连接了 VPN 的电脑 PC1 和 PC2 进行巡查。图 3-1 是 PC1 的 Windows 系统中“事件查看器”的事件截图，图 3-2 为图 3-1 中的第二条具体事件（框线标记）的详细信息；图 3-3 是 PC2 的网络抓包经过某条件语句过滤后的截图。

事件数：16,468

关键字	日期和时间	来源	事件 ID	任务类别
审核成功	2022/7/9 9:50:30	Microsoft Windows 安全审核。	5451	IPSec 快速模式
审核成功	2022/7/9 9:50:30	Microsoft Windows 安全审核。	4650	IPSec 主模式
审核成功	2022/7/9 9:19:05	Microsoft Windows 安全审核。	4801	其他登录/注销事件
审核成功	2022/7/9 9:19:05	Microsoft Windows 安全审核。	4634	注销
审核成功	2022/7/9 9:19:05	Microsoft Windows 安全审核。	4672	特殊登录
审核成功	2022/7/9 9:19:05	Microsoft Windows 安全审核。	4624	登录
审核成功	2022/7/9 9:19:05	Microsoft Windows 安全审核。	4648	登录
审核成功	2022/7/8 11:29:49	Microsoft Windows 安全审核。	4800	其他登录/注销事件
审核成功	2022/7/8 11:13:25	Microsoft Windows 安全审核。	4672	特殊登录

图 3-1 事件截图

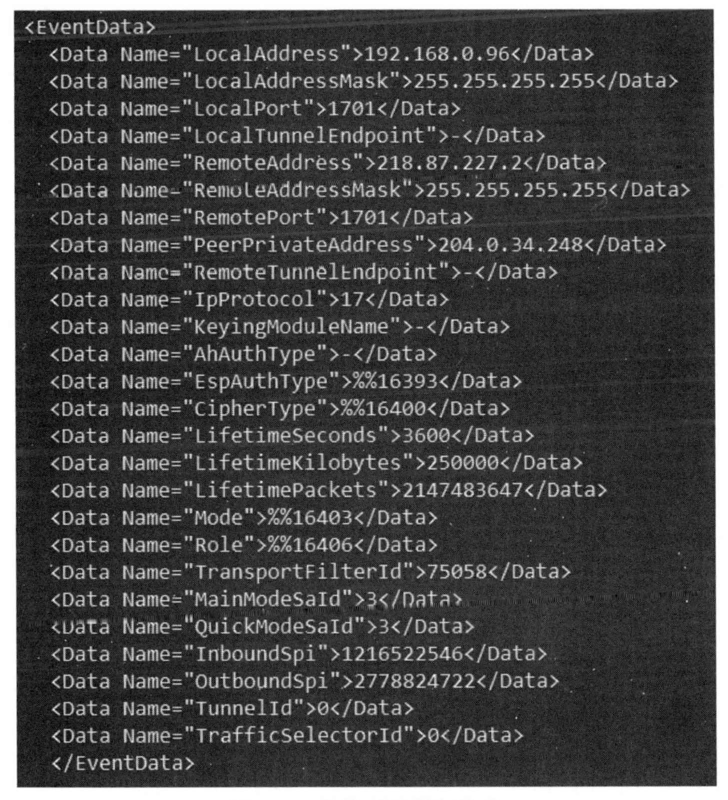

```
<EventData>
  <Data Name="LocalAddress">192.168.0.96</Data>
  <Data Name="LocalAddressMask">255.255.255.255</Data>
  <Data Name="LocalPort">1701</Data>
  <Data Name="LocalTunnelEndpoint">-</Data>
  <Data Name="RemoteAddress">218.87.227.2</Data>
  <Data Name="RemoteAddressMask">255.255.255.255</Data>
  <Data Name="RemotePort">1701</Data>
  <Data Name="PeerPrivateAddress">204.0.34.248</Data>
  <Data Name="RemoteTunnelEndpoint">-</Data>
  <Data Name="IpProtocol">17</Data>
  <Data Name="KeyingModuleName">-</Data>
  <Data Name="AhAuthType">-</Data>
  <Data Name="EspAuthType">%%16393</Data>
  <Data Name="CipherType">%%16400</Data>
  <Data Name="LifetimeSeconds">3600</Data>
  <Data Name="LifetimeKilobytes">250000</Data>
  <Data Name="LifetimePackets">2147483647</Data>
  <Data Name="Mode">%%16403</Data>
  <Data Name="Role">%%16406</Data>
  <Data Name="TransportFilterId">75058</Data>
  <Data Name="MainModeSaId">3</Data>
  <Data Name="QuickModeSaId">3</Data>
  <Data Name="InboundSpi">1216522546</Data>
  <Data Name="OutboundSpi">2778824722</Data>
  <Data Name="TunnelId">0</Data>
  <Data Name="TrafficSelectorId">0</Data>
  </EventData>
```

图 3-2 具体事件详细信息

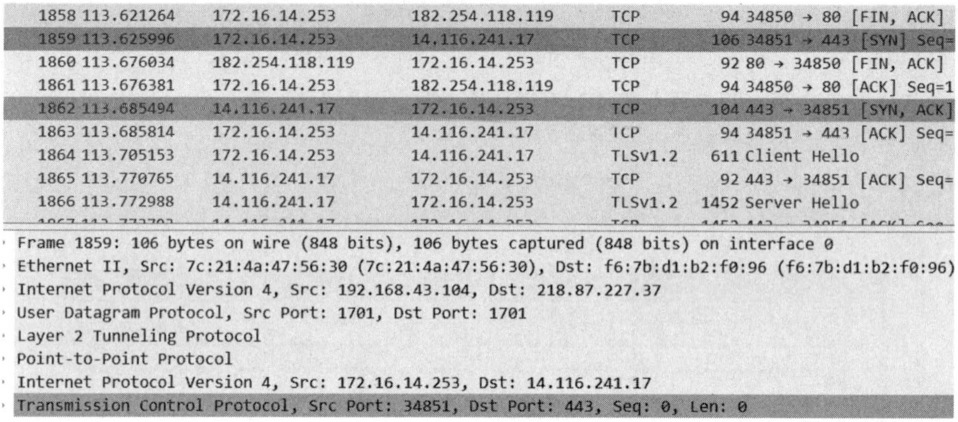

```
1858 113.621264   172.16.14.253    182.254.118.119  TCP       94 34850 → 80 [FIN, ACK]
1859 113.625996   172.16.14.253    14.116.241.17    TCP      106 34851 → 443 [SYN] Seq=
1860 113.676034   182.254.118.119  172.16.14.253    TCP       92 80 → 34850 [FIN, ACK]
1861 113.676381   172.16.14.253    182.254.118.119  TCP       94 34850 → 80 [ACK] Seq=1
1862 113.685494   14.116.241.17    172.16.14.253    TCP      104 443 → 34851 [SYN, ACK]
1863 113.685814   172.16.14.253    14.116.241.17    TCP       94 34851 → 443 [ACK] Seq=
1864 113.705153   172.16.14.253    14.116.241.17    TLSv1.2  611 Client Hello
1865 113.770765   14.116.241.17    172.16.14.253    TCP       92 443 → 34851 [ACK] Seq=
1866 113.772988   14.116.241.17    172.16.14.253    TLSv1.2 1452 Server Hello
Frame 1859: 106 bytes on wire (848 bits), 106 bytes captured (848 bits) on interface 0
Ethernet II, Src: 7c:21:4a:47:56:30 (7c:21:4a:47:56:30), Dst: f6:7b:d1:b2:f0:96 (f6:7b:d1:b2:f0:96)
Internet Protocol Version 4, Src: 192.168.43.104, Dst: 218.87.227.37
User Datagram Protocol, Src Port: 1701, Dst Port: 1701
Layer 2 Tunneling Protocol
Point-to-Point Protocol
Internet Protocol Version 4, Src: 172.16.14.253, Dst: 14.116.241.17
Transmission Control Protocol, Src Port: 34851, Dst Port: 443, Seq: 0, Len: 0
```

图 3-3　网络抓包截图

【问题 1】（6 分）

（1）日志文件是 Windows 系统中比较特殊的文件，Windows 日志有 3 种类型，分别是哪 3 种？

（2）请问图 3-1 的日志最有可能来自哪种类型的日志？

（3）Windows 系统日志文件通常存放在操作系统的什么目录下？

【问题 2】（2 分）

图 3-1 的事件 ID 为 4650，请结合任务类别，判断导致上述日志的最有可能的情况是＿（1）＿。

备选项：

A．IPSec 主模式协商失败

B．建立了 IPSec 主模式安全关联

C．IPSec 主模式安全关联已结束

D．IPSec 采用了传输模式成功

【问题 3】（2 分）

安全事件中的任务类别中 IPSec 是一种 VPN，VPN 提供的安全服务主要包括哪些？

【问题 4】（2 分）

根据图 3-2，请写出建立 VPN 连接的两端 IP 地址。

【问题 5】（2 分）

如果要在 Wireshark 当中过滤出如图 3-3 所示的流量分组，请写出在显示过滤框中应输入的过滤表达式。

【问题 6】（2 分）

通过图 3-3 的分组分析，王工认为尽管 PC2 的这些分组是通过 L2TP 封装了的，但依然存在安全风险，该风险针对的是三大安全目标即保密性、完整性、可用性中的哪一个？

【问题 7】（4 分）

根据第二条事件（框线标记）的详细信息图 3-2，可以判断是 PC1 通过 L2TP over IPSec VPN 连接到对端，请写出你的判断依据。

试题四（共15分）

阅读下列说明，回答【问题1】至【问题5】。

【说明】1. 2021年，全国人民代表大会常务委员会相继表决通过了《中华人民共和国数据安全法》和《中华人民共和国个人信息保护法》，与已实施的《中华人民共和国网络安全法》、《中华人民共和国密码法》共同构成了中国数据安全的法律保障体系，成为推动我国数字经济持续健康发展的坚实“防火墙”。

2. 根据网络安全审查结论及发现的问题和线索，国家互联网信息办公室依法对××公司涉嫌违法行为进行立案调查。经调查，发现××公司违法收集用户手机相册中的截图信息1196.39万条；过度收集用户剪切板信息、应用列表信息83.23亿条；过度收集乘客人脸识别信息1.07亿条、年龄段信息5350.92万条、职业信息1633.56万条、亲情关系信息138.29万条、“家”和“公司”打车地址信息1.53亿条；过度收集乘客评价代驾服务时、App后台运行时、手机连接视频记录仪设备时的精准位置（经纬度）信息1.67亿条；过度收集司机学历信息14.29万条，以明文形式存储司机身份证号信息5780.26万条；在未明确告知乘客情况下分析乘客出行意图信息539.76亿条、常驻城市信息15.38亿条、异地商务/异地旅游信息3.04亿条；在乘客使用顺风车服务时频繁索取无关的“电话权限”；未准确、清晰说明用户设备信息等。

【问题1】（2分）

请按施行时间顺序排序第1段中涉及的4部法律。

【问题2】（4分）

个人隐私是个人信息保护的重要内容，隐私可以分为身份隐私、属性隐私、社交关系隐私、位置轨迹隐私等几大类。根据对××公司的调查结论，回答下列问题。

（1）乘客的年龄信息属于哪一类隐私？

（2）乘客的人脸识别信息属于哪一类隐私？

（3）乘客的亲情关系属于哪一类隐私？

（4）乘客的“家”和“公司”打车地址信息属于哪一类隐私？

【问题3】（4分）

（1）根据《中华人民共和国密码法》，国家对密码实行分类管理，密码分为哪三类？

（2）××公司收集的信息应该由哪类密码进行保护？

【问题4】（3分）

敏感数据处理是数据安全的重要内容。数据库脱敏是指利用数据脱敏技术将数据库中的数据进行变换处理，在保持数据按需使用目标的同时，又能避免敏感数据外泄。常见的数据脱敏技术方法有屏蔽、变形、替换、随机、加密，使得敏感数据不泄露给非授权用户或系统。

（1）证件号码数据4346 6454 0020 5379经过脱敏后，变成4346 **** **** 5379。

（2）对于完整的数据进行Hash计算后，使数据不可读。

（3）将表格中的所有手机号码经过处理后，统一变成了“13777777777”。

上述（1）（2）（3）分别使用了哪种脱敏技术？

【问题 5】（2 分）

××公司“以明文形式存储司机身份证号信息”存在着很大安全风险隐患。密码学技术也可以用于隐私保护，可以利用 Hash 函数对个人信息去标识化处理，使用身份证号码的杂凑值替换原来的身份证号码，从而避免泄露身份证号码信息。

请问：（1）我国国密系列算法中的杂凑算法是什么？

（2）通过国密杂凑算法计算之后得到的杂凑值为多少位二进制数？

信息安全工程师　模考密卷 2
基础知识卷参考答案/试题解析

（1）**参考答案**：C

试题解析　机密性是指网络信息不泄露给非授权的用户、实体或程序，能够防止非授权者获取信息。完整性是指网络信息或系统未经授权不能进行更改的特性。可用性是指合法许可的用户能够及时获取网络信息或服务的特性。例如，防止拒绝服务攻击就是保证了可用性。抗抵赖性是指防止网络信息系统相关用户否认其活动行为的特性。

（2）**参考答案**：D

试题解析　网络信息系统的整个生命周期包括：网络信息系统规划、网络信息系统设计、网络信息系统集成与实现、网络信息系统运行和维护、网络信息系统废弃 5 个阶段。其中，各阶段包含的活动见下表。

网络信息系统的整个生命周期

生命周期阶段名称	网络安全管理活动
网络信息系统规划	网络信息安全风险评估，标识网络信息安全目标，标识网络信息安全需求
网络信息系统设计	标识信息安全风险控制方法，权衡网络信息安全解决方案，设计网络信息安全体系结构
网络信息系统集成与实现	购买和部署安全设备或产品，网络信息系统的安全特性应该被配置、激活，网络安全系统实现效果的评价，验证是否能满足安全需求，检查系统所运行的环境是否符合设计
网络信息系统运行和维护	建立网络信息安全管理组织，制定网络信息安全规章制度，定期重新评估网络信息管理对象，适时调整安全配置或设备，发现并修补网络信息系统的漏洞，威胁监测与应急处理
网络信息系统废弃	对要替换或废弃的网络系统组件进行风险评估，废弃的网络信息系统组件的安全处理，网络信息系统组件的安全更新

（3）**参考答案**：C

试题解析　SM1、SM4、SM7 都是分组密码，基于对称加密算法。其中，SM4 用途广泛，可用于大数据量的加密，对标 AES、4DES 等国际算法。SM3 属于密码杂凑算法，对标 MD5，SHA 系列国际算法。

（4）**参考答案**：A

试题解析　2021 年 6 月 10 日，第十三届全国人民代表大会常务委员会第二十九次会议通过了《中华人民共和国数据安全法》，并于 2021 年 9 月 1 日起施行。

（5）**参考答案**：B

试题解析 根据《中华人民共和国密码法》，密码分为核心密码、普通密码和商用密码。其中核心密码、普通密码用于保护国家秘密信息，核心密码保护信息的最高密级为绝密级，普通密码保护信息的最高密级为机密级。商用密码用于保护不属于国家秘密的信息，公民、法人和其他组织可以依法使用商用密码保护网络与信息安全。

（6）**参考答案**：B

试题解析 网络攻击是指损坏网络系统安全属性的危害行为，攻击效果包括以下几种

1）破坏信息：删除或修改系统中存储的信息或者网络中传送的信息。

2）信息泄密：窃取或公布敏感信息。

3）窃取服务：未授权使用计算机或网络服务。

4）拒绝服务：干扰系统和网络的正常服务，降低系统和网络性能，甚至使系统和网络崩溃。

（7）**参考答案**：A

试题解析 一次成功的入侵通常要耗费攻击者大量的时间与精力，所以精于算计的攻击者在退出系统之前会在系统中制造一些后门，以方便自己下次入侵，攻击者设计后门时通常会考虑以下几种方法：

1）放宽文件许可权。

2）重新开放不安全的服务，如 REXD、TFTP 等。

3）修改系统的配置，如系统启动文件、网络服务配置文件等。

4）替换系统本身的共享库文件。

5）修改系统的源代码，安装各种特洛伊木马。

6）安装嗅探器。

7）建立隐蔽信道。

（8）**参考答案**：A

试题解析 ID 头信息扫描需要用一台第三方机器配合扫描，并且这台机器的网络通信量要非常少，即 dumb 主机。

（9）**参考答案**：A

试题解析 网络钓鱼是一种通过假冒可信方（知名银行、在线零售商和信用卡公司等可信的品牌）提供网上服务，以欺骗手段获取敏感个人信息（如口令、信用卡详细信息等）的攻击方式。网络钓鱼主要是利用人性的弱点进行欺骗攻击。

（10）**参考答案**：C

试题解析 SYN Flood、DNS 放大攻击、泪滴攻击等属于拒绝服务攻击，基本原理是通过发送大量合法的请求来消耗资源，使得网络服务不能响应正常的请求。SQL 注入属于漏洞入侵，就是把 SQL 命令插入到 Web 表单提交、域名输入栏、页面请求的查询字符串中，最终利用网络系统漏洞欺骗服务器执行设计好的恶意 SQL 命令。

（11）**参考答案**：B

试题解析 IDEA（International Data Encryption Algorithm）是国际数据加密算法，属于分组加密处理算法，其明文和密文分组都是 64 比特，密钥长度为 128 比特。

（12）**参考答案**：C

试题解析　RSA 安全性保证要做到选取的素数 p 和 q 足够大，使得给定了它们的乘积 n 后，在事先不知道 p 或 q 的情况下分解 n 在计算上是不可行的。因此，破译 RSA 密码体制基本上等价于分解 n。基于安全性考虑，要求 n 的长度至少应为 1024 比特，然而从长期的安全性来看，n 的长度至少应为 2048 比特，或者是 616 位的十进制数。

（13）（14）**参考答案**：A　B

试题解析　Alice 需要签名发送一份电子合同文件给 Bob。

Alice 的签名步骤如下：

第一步：Alice 使用 Hash 函数将电子合同文件生成一个消息摘要。

第二步：Alice 使用自己的私钥，把消息摘要加密处理，形成一个数字签名。

第三步：Alice 把电子合同文件和数字签名一同发送给 Bob。

Bob 收到 Alice 发送的电子合同文件及数字签名后，为确信电子合同文件是 Alice 所认可的，验证步骤如下：

第一步：Bob 使用与 Alice 相同的 Hash 算法，计算所收到的电子合同文件的消息摘要。

第二步：Bob 使用 Alice 的公钥，解密来自 Alice 的加密消息摘要，恢复 Alice 原来的消息摘要。

第三步：Bob 比较自己产生的消息摘要和恢复出来的消息摘要之间的异同。若两个消息摘要相同，则表明电子合同文件来自 Alice。如果两个消息摘要的比较结果不一致，则表明电子合同文件已被篡改。

（15）**参考答案**：B

试题解析　SSH 是基于公钥的安全应用协议，可以实现加密、认证、完整性检验等多种网络安全服务，SSH 协议的默认端口号是 22。21 是 FTP 的连接控制端口；23 是 telnet 的默认端口，443 是 SSL 的默认端口。

（16）**参考答案**：B

试题解析　按 BLP 机密性模型安全策略，规定用户要合法读取某信息，当且仅当用户的安全级大于或等于该信息的安全级，并且用户的访问范畴包含该信息范畴时。用户 B 可以阅读文件 F，因为用户 B 的级别高，涵盖了文件的范畴。而用户 A 的安全级虽然高，但不能读文件 F，因为用户 A 缺少了“财务处”范畴。

（17）**参考答案**：C

试题解析　PDRR 信息模型改进了传统的只有保护的单一安全防御思想，强调信息安全保障的 4 个重要环节。保护（Protection）的内容主要有加密机制、数据签名机制、访问控制机制、认证机制、信息隐藏、防火墙技术等。检测（Detection）的内容主要有入侵检测、系统脆弱性检测、数据完整性检测、攻击性检测等。恢复（Recovery）的内容主要有数据备份、数据修复、系统恢复等。响应（Response）的内容主要有应急策略、应急机制、应急手段、入侵过程分析及安全状态评估等。

（18）**参考答案**：C

试题解析　BLP 机密性模型包含简单安全特性规则和*特性规则。简单安全特性规则：主体只能向下读，不能上读。*特性规则：主体只能向上写，不能向下写。

（19）**参考答案**：C

试题解析 依据《信息安全技术 网络安全等级保护测评要求》等技术标准，定期对定级对象的安全等级状况开展等级测评。其中，定级对象的安全保护等级分为5个等级，即第一级（用户自主保护级）、第二级（系统保护审计级）、第三级（安全标记保护级）、第四级（结构化保护级）、第五级（访问验证保护级）。

（20）**参考答案**：A

试题解析 美国国家标准与技术研究院NIST发布了《提升关键基础设施网络安全的框架》，该框架定义了5种核心功能：识别（Identify）、保护（Protection）、检测（Detection）、响应（Response）、恢复（Recovery），每个功能对应具体的子类。

1）识别（Identify）是指对系统、资产、数据和网络所面临的安全风险的认识以及确认。子类包括资产管理、商业环境、治理、风险评估、风险管理策略等。

2）保护（Protection）是指制定和实施合适的安全措施，确保能够提供关键基础设施服务。子类包括访问控制、意识和培训、数据安全、信息保护流程和规程、维护、保护技术等。

3）检测（Detection）是指制定和实施恰当的行动以发现网络安全事件。子类包括异常和事件、安全持续监测、检测处理。

4）响应（Response）是指对已经发现的网络安全事件采取合适的行动。子类包括响应计划、通信、分析、缓解、改进。

5）恢复（Recovery）是指制定和实施适当的行动。以弹性容忍安全事件出现并修复受损的功能或服务，子类包括恢复计划、改进、通信。

（21）**参考答案**：C

试题解析 物理安全威胁一般分为自然安全威胁和人为安全威胁。自然安全威胁包括地震、洪水、火灾、鼠害、雷电；人为安全威胁包括盗窃、爆炸、毁坏、硬件攻击。

（22）**参考答案**：B

试题解析 一般来说，机房的组成是根据计算机系统的性质、任务、业务量大小、所选用计算机设备的类型以及计算机对供电、空调、空间等方面的要求和管理体制而确定的。按照《计算机场地通用规范》（GB/T 2887—2011）的规定，计算机机房可选用下列房间（允许一室多用或酌情增减）：

1）主要工作房间：主机房、终端室等。

2）第一类辅助房间：低压配电间、不间断电源室、蓄电池室、空调机室、发电机室、气体钢瓶室、监控室等。

3）第二类辅助房间：资料室、维修室、技术人员办公室。

4）第三类辅助房间：储藏室、缓冲间、技术人员休息室、盥洗室等。

（23）**参考答案**：D

试题解析 根据认证依据所利用的时间长度，认证可分成一次性口令和持续认证。其中，一次性口令用于保护口令安全，防止口令重用攻击。OTP 常见的认证实例如使用短消息验证码。持续认证是指连续提供身份确认，其技术原理是对用户整个会话过程中的特征行为进行连续地监测，不间断地验证用户所具有的特性。持续认证所使用的鉴定因素主要是认知因素、物理因素、上下文因素。认知因素主要有眼手协调、应用行为模式、使用偏好、设备交互模式等。物理因素主要有左/右手、按压大小、手震、手臂大小和肌肉使用。上下文因素主要有事务、导航、设备和网络模式。

（24）**参考答案**：D

试题解析 Kerberos 系统涉及 4 个基本实体，即：

1）Kerberos 客户机：用户用来访问服务器设备。

2）AS（认证服务器）：识别用户身份并提供 TGS 会话密钥。

3）TGS（票据发放服务器）：为申请服务的用户授予票据（Ticket）。

4）应用服务器：为用户提供服务的设备或系统。

通常将 AS 和 TGS 统称为 KDC。

（25）**参考答案**：A

试题解析 PKI 提供了一种系统化的、可扩展的、统一的、容易控制的公钥分发方法。

（26）**参考答案**：D

试题解析 访问控制机制由一组安全机制构成，可以抽象为一个简单模型，组成要素有：

1）主体：客体的操作实施者。

2）客体：被主体操作的对象。

3）参考监视器：访问控制的决策单元和执行单元的集合体。

4）访问控制数据库：记录主体访问客体的权限及其访问方式的信息，提供访问控制决策判断的依据，也称为访问控制策略库。

5）审计库：存储主体访问客体的操作信息。

（27）**参考答案**：D

试题解析 基于地址的访问控制规则是利用访问者所在的物理位置或逻辑地址空间来限制访问操作。例如，重要的服务器和网络设备可以禁止远程访问，仅仅允许本地的访问，这样可以增加安全性。基于地址的访问控制规则有 IP 地址、域名地址以及物理位置。

（28）**参考答案**：D

试题解析 特权是用户超越系统访问控制所拥有的权限。这种特权设置有利于系统维护和配置，但降低了系统的安全性。特权的管理应按最小化机制，防止特权误用。最小特权原则指系统中每一个主体只能拥有完成任务所必要的权限集。最小特权管理的目的是系统不应赋予特权拥有者完成任务的额外权限，阻止特权乱用。特权的分配原则是“按需使用”，这条原则保证系统不会将权限过多地分配给用户，从而可以限制特权造成的危害。

（29）**参考答案**：A

试题解析 口令管理原则包括口令选择应至少在 8 个字符以上，应选用大小写字母、数字、特殊字符组合；禁止使用与账号相同的口令；更换系统默认口令，避免使用默认口令；限制账号登录次数，建议为 3 次；禁止共享账号和口令；口令文件应加密存放，并只有超级用户才能读取；禁止以明文形式在网络上传递口令；口令应有时效机制，保证经常更改，并且禁止重用口令对所有的账号运行口令破解工具，检查是否存在弱口令或没有口令的账号。

口令是可以在互联网上传输的，只是禁止以明文方式进行传输。

（30）**参考答案**：C

试题解析 防火墙具有过滤非安全网络访问、限制网络访问、网络访问审计、网络带宽控制、协同防御、NAT 等功能。现在的防火墙还具有逻辑隔离网络、提供代理服务、流量控制等功能，但防火墙不能完全防止感染病毒的软件或文件传输。

（31）**参考答案**：D

试题解析 Cisco IOS 的标准 IP 访问表和扩展 IP 访问表中字段 source-wildcard 表示发送数据包的主机 IP 地址的通配符掩码，其中 1 代表“忽略”，0 代表“需要匹配”，any 代表任何来源的 IP 包。

（32）**参考答案**：C

试题解析 双宿主机结构是最基本的防火墙结构。这种系统实质上是至少具有两个网络接口卡的主机系统。在这种结构中，一般都是将一个内部网络和外部网络分别连接在不同的网卡上，使得内外网络不能直接通信。

（33）**参考答案**：B

试题解析 VPN 指的是用户通过公用网络建立的临时的、逻辑隔离的、安全的连接，主要提供包括保密性服务、完整性服务、认证服务等 3 种安全服务。VPN 是一种安全技术，但仍然存在技术风险，例如管理不当、密码算法安全缺陷、产品代码实现的安全缺陷等。

（34）**参考答案**：D

试题解析 链路层 VPN 的实现方式有 ATM、Frame Relay、多协议标签交换（MPLS）；网络层 VPN 的实现方式有受控路由过滤、隧道技术；传输层 VPN 则通过 SSL 来实现。

（35）**参考答案**：C

试题解析 IP ESP 是一种安全协议，用于提供 IP 包的保密性服务，IP AH 不能提供 IP 包的保密性服务。IP ESP 的基本方法是将 IP 包做加密处理，对整个 IP 包或 IP 的数据域进行安全封装，并生成带有 ESP 协议信息的 IP 包，然后将新的 IP 包发送到通信的接收方。接收方收到后，对 ESP 进行解密，去掉 ESP 头，再将原来的 IP 包或更高层协议的数据像普通的 IP 包那样进行处理。

（36）**参考答案**：C

试题解析 SSL 协议提供了 3 种安全通信服务，包含保密性通信（采用的算法有 DES、AES）、点对点之间的身份认证（采用的算法有 RSA、DSS）、可靠性通信（采用的算法有 SHA、MD5）。

（37）**参考答案**：A

试题解析 国家密码管理局颁布了《IPSec VPN 技术规范》和《SSL VPN 技术规范》。其中 IPSec VPN 的主要功能包括：随机数生成、密钥协商、安全报文封装、NAT 穿越、身份鉴别。SSL VPN 的主要功能包括：随机数生成、密钥协商、安全报文传输、身份鉴别、访问控制、密钥更新、客户端主机安全检查等。SSL VPN 功能不包括数据包过滤。

（38）**参考答案**：C

试题解析 在 CIDF 模型中，入侵检测系统由事件产生器、事件分析器、响应单元和事件数据库 4 个部分构成。事件产生器从整个计算环境中获得事件，并向系统的其他部分提供事件；事件分析器分析所得到的数据，并产生分析结果；响应单元对分析结果做出反应，如切断网络连接、改变文件属性、简单报警等应急响应；事件数据库存放各种中间和最终数据，数据存放的形式既可以是复杂的数据库，也可以是简单的文本文件。

（39）**参考答案**：D

试题解析 误用入侵检测通常称为基于特征的入侵检测方法，是指根据已知的入侵模式检测入侵行为。攻击者常常利用系统和应用软件中的漏洞技术进行攻击，而这些基于漏洞的攻击方法具有某种特征模式。如果入侵者的攻击方法恰好匹配上检测系统中的特征模式，则入侵行为立即被检测到。显然，误用入侵检测依赖于攻击模式库。因此，这种采用误用入侵检测技术的 IDS 产品的检测能力就取决于攻击模式库的大小以及攻击方法的覆盖面。如果攻击模式库太小，则 IDS 的有效性就大打折扣。而如果攻击模式库过大，则 DDS 的性能就会受到影响。

（40）**参考答案**：A

试题解析 基于主机的入侵检测系统（HIDS）的产品包含 SWATCH、Tripwire、网页防篡改系统等。基于网络的入侵检测系统（NIDS）的产品包含 Session Wall、ISS RealSecure、Cisco Secure IDS、Snort。

（41）**参考答案**：A

试题解析 Snort 规则由两部分组成，即规则头和规则选项。规则头包含规则操作、协议、源地址和目的 IP 地址及网络掩码、源端口和目的端口号信息。规则选项包含报警消息、被检查网络包的部分信息及规则应采取的动作。Snort 规则如下所示：

alert tcp any any->192.168.1.0/24 111（content："|00 01 86 a5|"msg："mountd access"; ）

其中，规则头和规则选项通过“()”来区分，规则选项内容用括号括起来。

（42）**参考答案**：B

试题解析 多 PC 技术：在用户端安放两台 PC，一台连接外部网络，一台连接内部网络。

单硬盘内外分区技术：将单台物理 PC 虚拟成逻辑上的两台 PC，使得单台计算机在某一时刻只能连接到内部网或外部网。

双硬盘技术：一台计算机上安装两个硬盘，通过硬盘控制卡对硬盘进行切换控制，连接不同网络时挂接不同的硬盘。

信息摆渡技术：存在中间缓冲区，在任何时刻，物理传输信道只在传输进行时存在，中间缓冲区只与一端安全域相连。

单向传输技术：传输部件由一对独立的发送和接收部件构成，发送部件仅具有单一的发送功能，接收部件仅具有单一的接收功能，两者构成可信的单向信道，该信道无任何反馈信息。

网闸技术：使用一个具有控制功能的开关读写存储设备，通过开关的设置来连接或切断两个独立主机系统的数据交换。

（43）**参考答案**：D

试题解析 国家管理政策文件明确指出：“电子政务网络由政务内网和政务外网构成，两网之间需要物理隔离，政务外网与互联网之间需要逻辑隔离”。

（44）**参考答案**：D

试题解析 计算机信息系统安全保护能力的审计要求见下表。

计算机信息系统安全保护能力的审计要求

级别类型	安全审计要求
用户自主保护级	无
系统审计保护级	计算机信息系统可信计算基能创建和维护受保护客体的访问审计跟踪记录，并能阻止非授权的用户对它访问或破坏。计算机信息系统可信计算基能记录下述事件：使用身份鉴别机制；将客体引入用户地址空间（例如，打开文件程序初始化）；删除客体；由操作员、系统管理员或（和）系统安全管理员实施的动作，以及其他与系统安全有关的事件。 对于每一事件，其审计记录包括：事件的日期和时间、用户、事件类型、事件是否成功。对于身份鉴别事件，审计记录包含请求的来源（例如，终端标识符）；对于客体引入用户地址空间的事件及客体删除事件，审计记录包含客体名。对不能由计算机信息系统可信计算基独立分辨的审计事件，审计机制提供审计记录接口，可由授权主体调用。这些审计记录区别于计算机信息系统可信计算基独立分辨的审计记录
安全标记保护级	在系统审计保护级的基础上，要求增强的审计功能是：审计记录包含客体名及客体的安全级别。此外，计算机信息系统可信计算基具有审计更改可读输出记号的能力
结构化保护级	在安全标记保护级的基础上，要求增强的审计功能是：计算机信息系统可信计算基能够审计利用隐蔽存储信道时可能被使用的事件
访问验证保护级	在结构化保护级的基础上，要求增强的审计功能是：计算机信息系统可信计算基包含能够监控可审计安全事件发生与积累的机制，当超过值时，能够立即向安全管理员发出报警。并且，如果这些与安全相关的事件继续发生或积累，系统应以最小的代价中止它们

（45）**参考答案**：D

试题解析　网络审计数据涉及系统整体的安全性和用户隐私，为保护审计数据的安全，通常的安全技术措施包括：系统用户分权管理、审计数据强制访问、审计数据加密、审计数据隐私保护、审计数据安全性保护等。

（46）**参考答案**：A

试题解析　邮件收发协议主要有 SMTP、POP3、IMAP。

（47）**参考答案**：D

试题解析　网络入侵检测是网络安全审计应用场景类型之一，对网络设备、安全设备、应用系统的日志信息进行实时收集和分析，可检测发现黑客入侵、扫描渗透、暴力破解、网络蠕虫、非法访问、非法外联和 DDoS 攻击。系统漏洞可通过漏洞扫描设备扫描发现，并不能通过网络入侵检测发现。

（48）**参考答案**：A

试题解析　“红色代码”蠕虫利用的是微软 Web 服务器 IS4.0 或 5.0 中 index 服务的安全漏洞。

（49）**参考答案**：A

试题解析　依据技术性分类，漏洞分为以下两类：

1）非技术性安全漏洞：这方面的漏洞来自制度、管理流程、人员、组织结构等。包括网络安全责任主体不明确、网络安全策略不完备、网络安全操作技能不足、网络安全监督缺失以及网络安全特权控制不完备等。

2）技术性安全漏洞：这方面的漏洞来源有设计错误、输入验证错误、缓冲区溢出、意外情况处置错误、访问验证错误、配置错误、竞争条件以及环境错误等。

（50）**参考答案**：C

试题解析 缓冲区溢出攻击是利用缓冲区溢出漏洞所进行的攻击行动，会以 shellcode 地址来覆盖程序原有的返回地址。地址空间随机化就是通过对程序加载到内存的地址进行随机化处理，使得攻击者不能事先确定程序的返回地址值，从而降低攻击成功的概率。

（51）**参考答案**：B

试题解析 恶意代码的行为不尽相同，破坏程度也各不相同，但它们的作用机制基本相同。其对新的目标实施攻击的过程是：侵入系统；维持或提升已有的权限；隐蔽；潜伏；破坏；重复前面 5 步。

（52）**参考答案**：D

试题解析 恶意代码的分析方法由静态分析方法和动态分析方法两部分构成。其中，静态分析方法有反恶意代码软件的检查、字符串分析、脚本分析、静态反编译分析和静态反汇编分析等；动态分析方法包括文件监测、进程监测、注册表监测、网络活动监测和动态反汇编分析等。

（53）**参考答案**：B

试题解析 Word 文档作为载体的病毒案例是 Melissa，照片作为载体的病毒案例是库尔尼科娃病毒，电子邮件作为载体的病毒案例是“求职信”病毒和“I Love You”病毒，网页作为载体的病毒案例是 NIMDA 病毒。

（54）**参考答案**：A

试题解析 文件型病毒系计算机病毒的一种，主要感染计算机中的可执行文件（.exe）和命令文件（.com）。把所有通过操作系统的文件系统进行感染的病毒都称作文件病毒。可以感染所有标准的 DOS 可执行文件：包括批处理文件、DOS 下的可加载驱动程序（.SYS）文件以及普通的 COM/EXE 可执行文件。当然还有感染所有视窗操作系统可执行文件的病毒，后缀名是 EXE、DLL 或者 VXD、SYS。由于 HTML 文件无法嵌入二进制执行代码，且是文本格式，不易隐藏代码，所以无法感染。

（55）**参考答案**：C

试题解析 细菌是指具有自我复制功能的独立程序。虽然细菌不会直接攻击任何软件，但是它通过复制本身来消耗系统资源。

（56）**参考答案**：B

试题解析 隐私保护的常见技术有抑制、泛化、置换、扰动及裁剪等。

1）抑制：通过数据置空的方式限制数据发布。

2）泛化：通过降低数据精度实现数据匿名。

3）置换：不对数据内容进行更改，只改变数据的属主。

4）扰动：在数据发布时添加一定的噪声，包括数据增删、变换等。

5）裁剪：将数据分开发布。

（57）**参考答案**：D

试题解析 网络诱骗技术就是一种主动的防御方法，作为网络安全的重要策略和技术方法，它有利于网络安全管理者获得信息优势。网络攻击诱骗网络攻击陷阱可以消耗攻击者所拥有的资源，加重攻击者的工作量，迷惑攻击者，甚至可以事先掌握攻击者的行为，跟踪攻击者，并有效地制止攻击者的破坏行为，形成威慑攻击者的力量。目前，网络攻击诱骗技术有蜜罐主机技术和陷阱网络技术。

（58）（59）**参考答案**：C　B

试题解析 电子商务网站、黑客攻击、RPC DCOM 漏洞、电子商务网站受到黑客入侵业务中断 1 天分别属于评估要素当中的资产、安全威胁、安全脆弱性、安全影响。

网站风险值=安全事件发生的概率×安全事件的损失=2×0.85=1.7 万元。

（60）**参考答案**：B

试题解析 国家计算机网络应急技术处理协调中心，简称“国家互联网应急中心”，英文简称为 CNCERT 或 CNCERT/CC，成立于 2002 年 9 月，为非政府非营利的网络安全技术协调组织，是中央网络安全和信息化委员会办公室领导下的国家级网络安全应急机构。

（61）**参考答案**：A

试题解析 网络信息系统安全等级测评主要包括技术安全测评和管理安全测评。其中，技术安全测评的主要内容有安全物理环境、安全通信网络、安全区域边界、安全计算环境以及安全管理中心；管理安全测评的主要内容有安全管理制度、安全管理机构、安全管理人员、安全建设管理以及安全运维管理。

（62）**参考答案**：A

试题解析 所谓数学分析攻击是指密码分析者针对加解密算法的数学基础和某些密码学特性，通过数学求解的方法来破译密码。数学分析攻击是对基于数学难题的各种密码的主要威胁。为了对抗这种数学分析攻击，应当选用具有坚实数学基础和足够复杂的加解密算法。

差分分析是一种选择明文攻击，其基本思想是：通过分析特定明文差分对相对应密文差分影响来获得尽可能大的密钥。

（63）**参考答案**：B

试题解析 SSH 是安全的远程连接服务，相对 Telnet、Finger、HTTP 服务安全措施更多，安全隐患更少。

（64）**参考答案**：D

试题解析 安全策略是有关系统的安全设置规则，在 Windows 系统中需要配置的安全策略主要有账户策略、审计策略、远程访问、文件共享等。其中，策略中又要涉及多个参数，以配置账户策略为例，策略包含：密码复杂度要求、账户锁定阈值、账户锁定时间及账户锁定计数器。

（65）**参考答案**：B

试题解析 数据库加密方式主要分为两种类型：一种是数据库网上传输的数据，通常利 SSL 协议来实现；另一种是数据库存储的数据，通过数据库存储加密来实现按照加密组件与数据库管理系统的关系。

（66）**参考答案**：A

试题解析 AAA 认证指的是认证、授权和记账。

1）认证（Authentication）：验证用户的身份与可使用的网络服务。

2）授权（Authorization）：依据认证结果开放网络服务给用户。

3）记账（Accounting）：记录用户对各种网络服务的用量，并提供给计费系统。

（67）**参考答案**：A

试题解析　数据库系统是一个复杂性高的基础性软件，其安全机制主要有标识与鉴别、访问控制、安全审计、数据加密、安全加固、安全管理等，这些安全机制保障了数据库系统的安全运行、数据资源安全以及系统容灾备份，各安全机制的功能见下表。

数据库系统安全机制的功能

安全机制名称	具有的安全功能
标识与鉴别	用户属性定义、用户主体绑定、鉴别失败处理、秘密的验证、鉴别的时机、多重鉴别机制设置等
访问控制	会话建立控制、系统权限设置、数据资源访问权限设置
安全审计	审计数据产生、用户身份关联、安全审计查阅、限制审计查阅、可选审计查阅、选择审计事件
备份与恢复	备份和恢复策略设置、备份数据的导入和导出
数据加密	加密算法参数设置、密钥生成和管理、数据库加密和解密操作
资源限制	持久存储空间分配最高配额、临时存储空间分配最高配额、特定事务持续使用时间或未使用时间限制
安全加固	漏洞修补、弱口令限制
安全管理	安全角色配置、安全功能管理

（68）**参考答案**：C

试题解析　“管”就是网络安全通信，网络安全通信的安全目标是确保云用户及时访问云服务以及网上数据及信息的安全性。实现网络安全通信的技术包括身份认证、密钥分配、数据加密、信道加密、防火墙、VPN、抗拒绝服务等。

（69）**参考答案**：A

试题解析　1）应用程序层安全机制包含权限声明机制、接入权限限制和保障代码安全等。

2）应用程序框架层安全机制包含应用程序签名等。

3）系统运行库层安全机制包含网络安全、采用 SSL/TSL 加密通信、虚拟机安全、沙箱机制等。

4）Linux 内核层安全机制包含文件系统安全、ACL 权限机制、集成了 SELinux 模块、地址空间布局随机化等。

（70）**参考答案**：D

试题解析　工业控制系统的安全除了传统 IT 的安全外，还涉及控制设备及操作安全。传统 IT 网络信息安全要求侧重于“保密性—完整性—可用性”需求顺序，而工控系统网络信息安全偏重于“可用性—完整性—保密性”需求顺序。

（71）～（75）**参考答案**：B　B　C　D　A

试题翻译 PGP 发布于 1991 年，是一个完整的电子邮件安全软件包，提供隐私、身份验证、数字签名和压缩，所有这些都以易于使用的形式提供。此外，完整的软件包，包括所有的源代码，都是通过互联网免费分发的。由于它的质量、价格（零），以及在 UNIX、Linux、Windows 和 Mac OS 平台上的简单可用性，在今天被广泛使用。

PGP 使用名为 IDEA 的块密码对数据进行加密，该密码使用 128 位密钥。它是在瑞士设计的，当时 DES 被认为是被污染的，AES 还没有被发明出来。从概念上讲，IDEA 类似于 DES 和 AES：它在一系列的轮中混合位，但混合函数的细节不同于 DES 和 AES。密钥管理使用 RSA，数据完整性使用 MD5。

PGP 有意使用现有的密码算法，而不是发明新的密码算法。它在很大程度上是基于那些经受住了广泛的同行评审的算法，并没有受到任何试图削弱它们的政府机构的设计或影响。对于那些不信任政府的人来说，这是一个很大的优势。

信息安全工程师　模考密卷 2
应用技术卷参考答案/试题解析

试题一

【问题 1】

参考答案

（1）外网和政务内网之间进行物理隔离；政务外网和互联网之间进行逻辑隔离。

（2）网闸

试题解析

（1）国家管理政策文件明确指出，电子政务网络由电子政务外网和电子政务内网构成，政务外网和政务内网之间进行物理隔离；政务外网和互联网之间进行逻辑隔离。

（2）物理隔离的安全设备最有可能是网闸。

【问题 2】

参考答案　不低于二级，三级网站每年测评一次。

试题解析　依据《信息安全技术 政务网站系统安全指南》（GB/T 31506—2022）规定，政府网站的信息安全等级原则上不应低于二级。三级网站每年应测评一次，二级网站每两年应测评一次。

【问题 3】

参考答案　基于屏蔽子网的防火墙

试题解析　常见的防火墙体系结构特点见下表。

常见的防火墙体系结构特点

体系结构类型	特点
双重宿主主机	以一台双重宿主主机作为防火墙系统的主体，分离内外网
屏蔽主机	一台独立的路由器和内网堡垒主机构成防火墙系统，通过包过滤方式实现内外网隔离和内网保护
屏蔽子网	由 DMZ 网络、外部路由器、内部路由器以及堡垒主机构成防火墙系统。外部路由器保护 DMZ 和内网、内部路由器隔离 DMZ 和内网

本题的防火墙布局中，可以明显地看到有防火墙 1、DMZ 网络和防火墙 2 等部分，因此本题的防火墙布局属于屏蔽子网的防火墙。

【问题 4】

参考答案　（1）①80　②10.168.68.0/23　③允许　④拒绝

（2）白名单安全策略

试题解析 依据题意“只允许互联网访问政府网站”，且规则 C 的源端口是 80，可以推断规则 A 是对出方向的 80 端口数据允许通过；依据题意“允许政务外网办公区访问互联网”，且规则 B 和规则 D 都是针对办公区用户访问互联网，办公区地址段是 10.168.68.0/23，所以执行的操作是允许通过；最后一条规则 E 默认的操作应该是拒绝。

黑名单安全策略：默认策略为允许时，规则对应的动作应该为拒绝，表示只有匹配到规则的报文才会被拒绝，没有被规则匹配到的报文都会被默认允许。

白名单安全策略：默认策略为拒绝时，规则对应的动作应该为允许，表示只有匹配到规则的报文才会被允许，没有被规则匹配到的报文都会被默认拒绝。

本题过滤规则表的最后一条默认策略是拒绝，前面规则对应的动作是允许，所以防火墙采取的是白名单安全策略。

【问题 5】

参考答案

（1）255.255.254.0

（2）iptables -L

（3）Filter

（4）iptables -P FORWARD DROP 或者 iptables -t filter -P FORWARD DROP

（5）SSH

（6）iptables -t filter -A FORWARD -s 10.168.68.2 -d 10.168.70.140/24 -p tcp --dport 22 -j ACCEPT

iptables -t filter -A FORWARD -s 10.168.70.140/24 -d 10.168.68.2 -p tcp --sport 22 -j ACCEPT

试题解析

（1）依据题意“政务外网办公区计算机所在网段为10.168.68.0/23”，可知建网比特数是/23，对应的掩码是 255.255.254.0。

（2）在 Linux 系统中，防火墙的操作命令是 iptables，参数-L 表示查看 iptables 规则列表。

（3）在 iptables 中内建的规则表有三个：nat、mangle 和 filter。这三个规则表的功能如下：

- nat：此规则表拥有 prerouting 和 postrouting 两个规则链，主要功能是进行一对一、一对多、多对多等地址转换工作（snat、dnat）。
- mangle：此规则表拥有 prerouting、forward 和 postrouting 三个规则链。除了进行网络地址转换外，还在某些特殊应用中改写数据包的 ttl、tos 的值等。
- filter：这个规则表是默认规则表，拥有 INPUT、FORWARD 和 OUTPUT 三个规则链，它是用来进行数据包过滤的处理动作（如 drop、accept 或 reject 等），通常的基本规则都建立在此规则表中。

试题中图 1-2 中的 iptables 的默认规则链是 INPUT、FORWARD 和 OUTPUT，所以显示的是 filter 表的相关信息。

（4）防火墙 2 需要经过路由判断后进行转发，即目的地不是本机的数据包执行的规则，所以需要修改 FORWARD 规则链的默认策略为 DROP 或者 REJECT。题干要求的是默认不允许任何数据包进入，命令如下：

iptables -P FORWARD DROP 或者 iptables -t filter -P FORWARD DROP

（5）王工对 Ubuntu 系统进行日常维护一般使用 SSH 协议。

（6）SSH 协议是基于 TCP 的 22 号端口，所以在配置 iptables 需要设置源地址为王工办公电脑的 IP 地址、目标地址为 DMZ 区域所使用的 IP 地址、协议是 TCP 协议、目标端口是 22 的数据流的允许通过的规则，以及一条反向允许通过的规则。

试题二

【问题 1】

参考答案 系统管理员、安全管理员、审计管理员

试题解析 方德方舟国产操作系统基于三权分立的管理机制，将普通操作系统中的超级管理员的权限分配给了系统管理员、安全管理员和审计管理员，并形成了相互制约关系，防止管理员的恶意或偶然操作引起的系统安全问题。

【问题 2】

参考答案 （1）test （2）unxz -> xz

试题解析 Linux Ubuntu 系统下文件的权限位共有 10 个，第 1 位代表文件类型；2～4 位代表文件拥有者对于该文件所拥有的权限；5～7 位代表文件所属组对于该文件所拥有的权限；8～10 位代表其他人（除了拥有者和所属组之外的人）对于该文件所拥有的权限。

其中第 1 位文件类型分为普通文件、目录文件、特殊文件、管道文件、套接字文件、符号链接文件。文件类型对应指定符号参见下表。

文件类型对应符号表

文件类型		指定符号
普通文件		-
目录文件		d
特殊文件	字符特殊文件	c
	块特殊文件	b
管道文件		p
套接字文件		s
符号链接文件		l

ls -l 命令列出的 5 个文件中，第 1 个文件的权限位第 1 位是“d”，表示这个文件是一个目录；第 2 个文件的权限位第 1 位是“l”，表示这个文件是一个符号链接文件；第 3 个文件的权限位第 1 位是“s”，表示这个文件是一个套接字文件；第 4、5 个文件的权限位第 1 位是“-”，表示这两个文件是普通文件。

【问题 3】

参考答案 （1）755 （2）644 （3）可读、不可写、可执行

试题解析 （1）第 1 个文件的权限是 drwxr-xr-x，2～4 位对应权限为 111，即 7；5～7 位对

应权限为 101，即 5；8～10 位对应权限为 101，即 5；所以第一个文件的数字权限表示为 755。

（2）同理，第 4 个文件的权限是-rw-r--r--，2～4 位对应权限为 110，即 6；5～7 位对应权限为 100，即 4；8～10 位对应权限为 100，即 4；所以最后一个文件的数字权限表示为 644。

（3）普通用户有效权限对应的是 8～10 位代表的权限，r-x 表示有效权限是可读、不可写、可执行。

【问题 4】

参考答案 （1）nmap

（2）find / -type f -perm -04000 -print;

或者 find / -type f -perm -u=s -print;

（3）chmod a-s nmap

试题解析 （1）图中第 2 个文件的权限位是-rwsr-xr-x，其中“s”位表示设置了 SUID 位，SUID 位不应该设置给任何的文件编辑程序，因为攻击者可以利用 SUID 位修改系统任何文件。

（2）查找文件的命令是 find，find 命令的格式如下：

```
find  path  -option [-print] [-exec -ok command ] {} \;
```

根据题意，参数 path 路径应该为/；选项参数使用的文件类型有很多，其中使用-type f 指定普通文件，这里也可以不指明文件类型；使用-perm 指明文件全权限，这里可以使用-u=s，或者使用-04000，使用-print 将文件或目录名称列出到标准输出。

```
find /-type f -perm -u=s -print 或者 find / -type f -perm -04000 -print;
```

（3）修改文件权限的命令是 chmod，可以使用权限设定字符来设定。语法：chmod [who] [+/-/=] [mode] 文件名。

chmod a-s nmap

a 表示所有用户，-表示去掉对应权限。

【问题 5】

参考答案 （1）chmod 600 /etc/inetd.conf

（2）chattr +i /etc/inetd.conf

试题解析 （1）只有 root 可读可写的权限应该 rw-------，数字权限表示为 600，使用 chmod 命令：chmod 600 /etc/inetd.conf。

（2）使用专门用来修改文件或目录的隐藏属性，只有 root 用户可以使用，格式为 chattr [+-=] [属性] 文件或目录名。如果对文件设置 i 属性，那么不允许对文件进行删除、改名，也不能添加和修改数据。

chattr +i /etc/inetd.conf

试题三

【问题 1】

参考答案

（1）系统日志、应用程序日志和安全日志

（2）安全日志

（3）system32\config

试题解析　Windows 日志有 3 种类型：系统日志、应用程序日志和安全日志，它们对应的文件名为 Sysevent.evt、Appevent.evt 和 Secevent.evt。这些日志文件通常存放在操作系统安装的区域“system32\config”目录下。系统日志包含由 Windows 系统组件记录的事件，记录系统进程和设备驱动程序的活动；应用程序日志包含计算机系统中的用户程序和商业程序在运行时出现的错误活动；安全日志记录与安全相关的事件，包括成功和不成功的登录或退出、系统资源使用事件（系统文件的创建、删除、更改）等。根据图 3-1 中的事件来源“Microsoft Windows”安全审核，可知该日志最有可能来自安全日志。

【问题 2】

参考答案　（1）B

试题解析　根据任务类型，说明跟 IPSec 主模式有关，4650 表示建立了 IPSec 主模式安全关联；4652 表示 IPSec 主模式协商失败；4655 表示 IPSec 主模式安全关联已结束。

【问题 3】

参考答案　保密性服务、完整性服务、认证服务

试题解析　VPN 主要的安全服务有以下 3 种：

- 保密性服务：防止传输的信息被监听。
- 完整性服务：防止传输的信息被修改。
- 认证服务：提供用户和设备的访问认证，防止非法接入。

【问题 4】

参考答案　192.168.0.96 和 218.87.227.2

试题解析　在图 3-2 中可以很清楚地看到<Data Name="LocalAddress">192.168.0.96</Data> 和<Data Name="RemoteAddress">218.87.227.2</Data>，可以清楚地判断，本地 IP 地址是 192.168.0.96，对端 IP 地址是 218.87.227.2。

【问题 5】

参考答案　ip.addr == 172.16.14.253

试题解析　网络抓包截图中的所有分组都和 IP 地址 172.16.14.253 有关，所以可以设定 ip.addr == 172.16.14.253 来过滤。

【问题 6】

参考答案　保密性

试题解析　由于 L2TP 传输数据是以原始的明文形式进行传输的，所以不能保证信息的保密性。

【问题 7】

参考答案　判断理由：

（1）L2TP 协议运行在 UDP 的 1701 端口，图 3-2 中“LocalPort”给出的端口号是 1701。

（2）图 3-1 中给出的模式是“IPSec 主模式”，图 3-2 给出的“<Data Name="EspAuthType"> %%16393 </Data>”信息可以判断是通过 IPSec 提供加密服务。

试题解析　L2TP 采用专用的隧道协议，该协议使用 UDP 的 1701 端口。图 3-2 中描述的端口号是 1701，另外通过前面描述的 IPSec 主模式以及<Data Name="EspAuthType">%%16393 </Data>

可以判断是通过 IPSec 提供加密服务。

试题四

【问题 1】

参考答案 《中华人民共和国网络安全法》 《中华人民共和国密码法》 《中华人民共和国数据安全法》 《中华人民共和国个人信息保护法》

试题解析 《中华人民共和国网络安全法》于 2017 年 6 月 1 日起施行；《中华人民共和国密码法》于 2020 年 1 月 1 日起施行；《中华人民共和国数据安全法》于 2021 年 9 月 1 日起施行；《中华人民共和国个人信息保护法》于 2021 年 11 月 1 日起施行。

【问题 2】

参考答案 （1）属性隐私 （2）身份隐私 （3）社交关系隐私 （4）位置和轨迹隐私

试题解析 隐私可以分为身份隐私、属性隐私、社交关系隐私、位置和轨迹隐私。

- 身份隐私是指可以通过分析用户数据来识别特定用户的真实身份信息。
- 属性隐私是指用于描述个人用户的属性特征，如用户年龄、用户性别、用户工资、用户购物历史等。
- 社交关系隐私是指用户不愿意公开的社交关系信息。
- 位置和轨迹隐私是指用户为防止个人敏感信息暴露而非自愿公开的位置轨迹数据和信息。目前位置和轨迹信息的来源主要有城市交通系统、GPS 导航、行程规划系统、无线接入点和打车软件。

【问题 3】

参考答案 （1）核心密码、普通密码和商用密码 （2）商用密码

试题解析 商用密码用于保护不属于国家秘密的信息，公民、法人和其他组织可以依法使用商用密码保护网络与信息安全。

【问题 4】

参考答案 （1）屏蔽 （2）加密 （3）替换

试题解析

- 屏蔽：使用掩盖部分数据，如保留身份证前 6 位代表地区信息的数字，其余用“*”等代替，被掩码屏蔽的部分可以根据需要进行调整。
- 替换：使用虚拟值替换真实值，如设置一个常数将所有数据进行替换。使用数据替换方式，将所有手机号统一替换为“13777777777”。
- 加密：通过加密算法（包括国密算法）进行加密。例如 Hash 算法（密码算法）是指对于完整的数据进行 Hash 加密，使数据不可读。

【问题 5】

参考答案 （1）SM3 （2）256

试题解析 国密 SM 系列算法中 SM3 是类似于 MD5 或 SHA 的杂凑算法，输出 256 位的杂凑值。